普通高等学校应用型教材
**大数据与人工智能**

# 物联网与云平台

邵泽华 著

中国人民大学出版社
·北京·

# 西江月·物联网与云平台

天网恢恢不漏
大风兮起云飞
西江月望水波微
谁解其中滋味

灵昱皇皇既降
举兮飙远光辉
红花绿叶竞芳菲
谁瘦谁肥谁记

# 序

世间万物具有普遍联系性，不同事物间的直接或间接联系，组成了无数个结构一致但功能不同的物联网。通过物联网的应用，人类正在以前所未有的强大能力来连接、构建、汇集和整合世界各地的不同资源，实现人类社会与自然界的和谐相处。物联网具有多种信息闭环运行方式，能够保证物联网信息运行的安全性和有效性。物联网不同平台的功能表现，能够满足物联网用户平台的主导性需求和其他平台的参与性需求，实现各平台的价值。

近年来，随着信息科学技术的发展，云平台的概念及其在物联网中的应用被越来越多的人提及。现阶段国内外关于云平台的研究，均处于技术层面，集中在云计算领域。在云平台运营者的描述中，云平台信息资源丰富、功能强大，能够在信息量级越来越大的信息社会，为云平台用户提供更加高效的云计算服务。云计算是云平台的核心业务，各类云平台运营者通过服务器、系统、信息网络等技术手段，为云平台用户提供信息和技术资源，用户可按需选择和使用数据资源、云计算模式和服务模式。

本书在物联网理论研究的基础上，对物联网与云平台的关系进行了详细描述。云平台看似神秘，究其本质，与物联网各功能平台的信息处理方式没有区别，但其信息处理能力更加强大，可以为物联网内各功能平台提供信息整合和处理服务。但从物联网信息运行的角度来看，物联网是否接入云平台应视具体情况而定：如果物联网运行很稳定，各功能平台的信息处理能力完全能够满足物联网用户的需求，则物联网不需要接入云平台；如果物联网中的信息量级过大，超过各功能平台的信息处理能力所能承受的范围，则接入云平台是对追求信息的丰富性、运行的稳定性和可靠性的物联网用户更加合适的选择。

云平台与物联网的结合，在为物联网用户提供高效的云计算服务的同时，也获得了物联网用户的相关信息。因此，物联网用户在选择云平台时，需要从自身需求出发，选择具有服务提供能力和信息安全保障能力的云平台。云平台运营者则需以服务物联网用户为导向，为物联网用户提供云平台服务的同时，接受监管网的监管，充分保障物联网用户利益。

本书中描述的云平台由传感（网络）云平台、管理云平台以及服务云平台共同构成，不同类型的云平台通过与物联网不同功能平台的结合，为物联网用户提供云计算服务。同时，本书深入研究了云平台在物联网中所处的位置和功能，云平台参与的物联网的用户对各类型云平台均具有选择权，云计算方式具有两种，分别为网外计算和网内计算，二者能够相结合形成混合计算；而云平台管理的物联网的用户对管理云平台的运营者具有选择权，其传感云平台和服务云平台参与物联网的形式由管理云平台运营者代替用户决定，云计算方式可为网内计算，也可连接网外云平台进行网外计算。在此基础上，本书分析了监管物联网的结构、信息运行、功能表现等，云平台监管网能够对云平台管理的物联网的运行提供监管，保障用户利益。

特作一词《西江月·物联网与云平台》以描述：

**西江月·物联网与云平台**

天网恢恢不漏，
大风兮起云飞。
西江月望水波微，
谁解其中滋味？

灵显皇皇既降，
举兮飙远光辉。
红花绿叶竞芳菲，
谁瘦谁肥谁配？

**邵泽华**

成都秦川物联网科技股份有限公司

目录

# 第一章
# 物联网

# 第一节　物联网概述

物联网是在一定时间、空间内，使信息以信息代码的形式伴随能量载体，在物理实体之间传播并在物理实体上运行所表现出的功能状态。[①] 物联网的基本要素包括时间、空间、信息、能量以及物理实体，正是这些基本要素的紧密结合、相互联系，形成了无数个功能不同但结构一致的物联网，构成了我们五彩缤纷的世界。

基于事物的普遍联系性，无论是过去、现在或是未来，物联网始终存在。在过去，人类的认知能力存在局限性，无法发现和认识许多事物，对物联网亦是如此。随着人类文明的不断发展，人类对世界的认识愈加深刻，物联网进入了人类的认知世界。究其本质，无论是在自然界还是在人类社会中，世间所有无形的、有形的、处于任何状态的事物，只要发生联系，便形成了物联网。

# 第二节　物联网运行体系结构

世界由无数个物联网组成，每个物联网均是以规律性的、相同的结构展现各自的功能，它们均具有相同的运行体系结构。[②] 物联网运行体系结构见图 1－1。

物联网运行体系结构由三部分构成，分别为信息体系结构、物理体系结构和功能体系结构。功能体系结构是信息以物理实体为支撑，信息在物理实体上运行所表现出来的外在功能表现，由用户平台、服务平台、管理平台、传感网络平台和对象平台组成。功能体系结构的五大功能平台分别对应信息体系结构的用户域、服务域、管理域、传感域、对象域，以及对应物理体系结构的用户层、服务层、管理层、传感层、对象层。

---

①② 邵泽华．物联网——站在世界之外看世界．北京：中国人民大学出版社，2017.

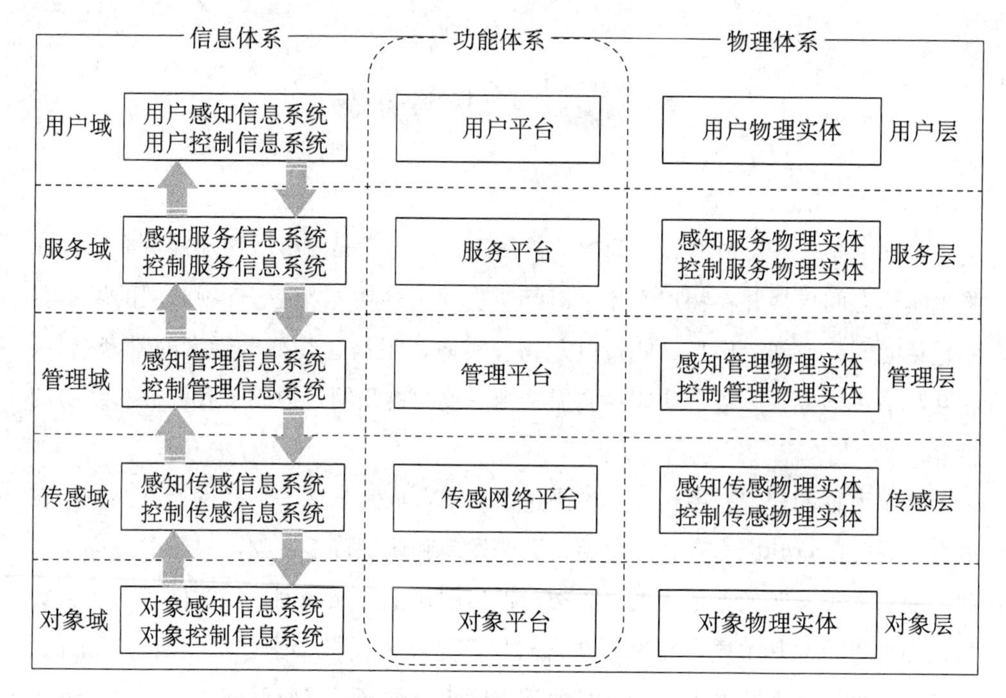


**图 1-1　物联网运行体系结构**

## 一、信息体系结构

物联网中各种信息的有序、规律运行构成了物联网信息体系结构，包括用户域、服务域、管理域、传感域、对象域。

感知信息在对象域中生成，经过传感域、管理域、服务域，到达用户域，每一信息域都含有信息系统用于物联网信息的处理。感知信息到达用户域后转化为控制信息，再依次经过服务域、管理域、传感域，到达对象域。对象执行控制信息后以功能形式表现出来。信息的整个运行过程首尾相接，实现了物联网信息在对象和用户之间的闭环运行。在某些应用场景下，物联网用户也可通过分级授权的方式，由服务域、管理域、传感域或对象域代替用户对对象进行感知和控制，形成不同信息闭环运行方式，在保证物联网可靠运行的前提下提高运行效率，为物联网用户提供更加优质的服务。

物联网信息在信息域中具有十大特性，即信息客观性、信息真实性、信息确定性、信息准确性、信息完整性、信息实时性、信息有效性、信息安全性、信息私密性以及信息开放性。

## 二、物理体系结构

物联网各物理层物理实体之间的有效连接构成了物联网物理体系结构。作为五域信息运行的支撑，物理体系结构由用户层、服务层、管理层、传感层、对象层构成。

物理实体是物联网信息采集、传输、储存等信息运行不可缺少的物理支撑，为物联网信息作用于现实世界提供桥梁，实现功能的表达。物联网物理体系结构中的每一物理层均可由一个或多个物理实体组成，在各个不同类型、不同形态、不同状态的物理实体内部和物理实体之间有着规范、统一的联系方式。物联网表现出来的不同功能状态是不同信息在相同或不同物理实体上运行的结果。

## 三、功能体系结构

信息在物理实体上运行表现出来的功能形成了物联网功能体系结构，由用户平台、服务平台、管理平台、传感网络平台、对象平台构成。物联网运行体系建立的目的是为用户提供服务，而信息在物理实体上的运行所表现出来的功能是为用户提供服务的基础。在物联网功能体系结构中，各功能平台均有其特定的功能，对象为用户提供的感知控制服务是各个平台特定功能协同作用的结果：

用户平台是物联网运行体系的主导者，用户需求是物联网运行体系形成的基础和前提，物联网各平台之间的联系均是为了满足用户的需求；

服务平台位于用户平台和管理平台之间，是用户平台和管理平台联系的桥梁，为用户提供输入和输出服务；

管理平台统筹、协调各功能平台之间的联系和协作，汇聚着物联网全部的信息，为物联网运行体系提供感知管理和控制管理功能；

传感网络平台连接管理平台和对象平台，起着感知信息传感通信和控制信息传感通信的功能；

对象平台是感知信息生成和控制信息最终执行的功能平台，是用户意志得以实现的最终平台。

## 第三节 物联网的类型

物联网运行体系是物联网信息、物理实体、功能三者之间相互关系的展现。世界上所有的物联网均以相同的结构和规律运行，但形成的物联网是多种多样的。世间不存在完全孤立的物理实体，每个物理实体都会通过自然信息或社会信息与外界进行交流，最终形成我们精彩纷呈的大千世界。在这个大千世界中，物理实体之间的交互关系并非亘古不变，它们伴随着世界的演变也在发生着变化，不同物理实体之间的联系也在不断消失和重建。

根据物理实体之间形成的具体交互关系，物联网有单体物联网、复合物联网和混合物联网三种类型。单体物联网、复合物联网、混合物联网均是按照物联网运行体系结构运行并展现物理实体之间相互关系的物联网，其中复合物联网和混合物联网更是在单体物联网基础上形成的不同组合形式的物联网。

### 一、单体物联网

当物联网中某一物理实体与其他物理层的物理实体建立连接单一、功能特定的信息交互关系时，该物联网被称为单体物联网。

单体物联网是构成物联网世界的基本结构和功能单元，包括用户平台、服务平台、管理平台、传感网络平台以及对象平台五个功能平台。在单体物联网中，每一功能平台均为单一功能平台，信息通过在各功能平台中运行实现对象与用户之间的信息交互，表现出相应的功能。

### 二、复合物联网

当物联网中至少有一个功能平台存在两个及两个（两组及两组）以上物理实体支撑形成不同功能分平台时，该物联网被称为复合物联网。

以不同的功能平台为基础，复合物联网具有五种存在形式：以用户平台为基础的复合物联网、以服务平台为基础的复合物联网、以管理平台为基础的复合物联网、以传感网络平台为基础的复合物联网和以对象平台为基础的复合物联网。

### 三、混合物联网

混合物联网是由两个或两个以上单体物联网或复合物联网组合而成的物联网。在混合物联网中至少有一个或一组物联网实体同时在两个及两个以上单体或复合物联网中分别处于不同的物理层，支撑不同信息域的信息运行，构成不同的功能平台。

混合物联网存在四种类型：物理实体支撑两域信息构成两平台的混合物联网、物理实体支撑三域信息构成三平台的混合物联网、物理实体支撑四域信息构成四平台的混合物联网、物理实体支撑五域信息构成五平台的混合物联网。

## 第四节 物联网信息处理方式

在物联网运行体系中，各功能平台的智能物理实体对物联网信息的计算处理被称为物计算，包括对象平台物计算、传感网络平台物计算、管理平台物计算、服务平台物计算以及用户平台物计算，属于网内计算。

### 一、对象平台物计算

用户是物联网的主导者，主导着物联网的组网和运行。在一些应用场景下，用户会授权对象平台自我感知和控制，这被称为对象平台物计算。对象平台物计算是根据用户需求预先设定的，且在物联网后续运行过程中可根据用户的需求变化进行改变，最终目的是满足用户的主导性需求。

对象平台智能物理实体通常可分为最基础的两部分：一部分用于感知，被称为感知模块；另一部分用于控制，被称为控制模块。智能物理实体的物计算一般由感知模块或控制模块来实现。也有些智能物理实体虽具有物计算功能，但其物计算并不是由感知模块或控制模块实现，而是由独立的管理模块实现。根据对象平台物理实体内部的智能计算（物计算）所处位置差异，物计算可分为三类：感知模块物计算、控制模块物计算以及管理模块物计算。

物联网对象的自我感知和控制形成对象平台内部的物联网控制闭环，整个过程只有对象平台在用户授权的条件下直接参与，其他平台间接参与。

1. 感知模块物计算

感知模块物计算由感知模块来执行。感知模块物计算形成的物联网控制闭环见图 1-2。

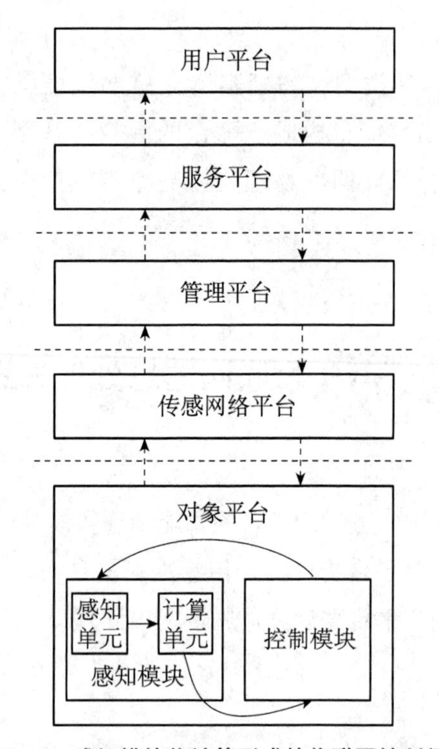


**图 1-2　感知模块物计算形成的物联网控制闭环**

感知模块的感知单元在获取感知信息后，其计算单元对感知信息进行物计算。在拥有用户授权的条件下，物计算后的感知信息发送给控制模块，生成控制信息并执行。

控制信息在执行后以相应功能的形式表现出来，并将控制信息的执行结果反馈给感知模块，形成控制闭环，实现对象为用户提供的感知和控制服务。

2. 控制模块物计算

控制模块物计算由控制模块来执行。控制模块物计算形成的物联网控制闭环见图 1-3。

感知模块获取感知信息后，发送给控制模块，由控制模块计算单元对感知信

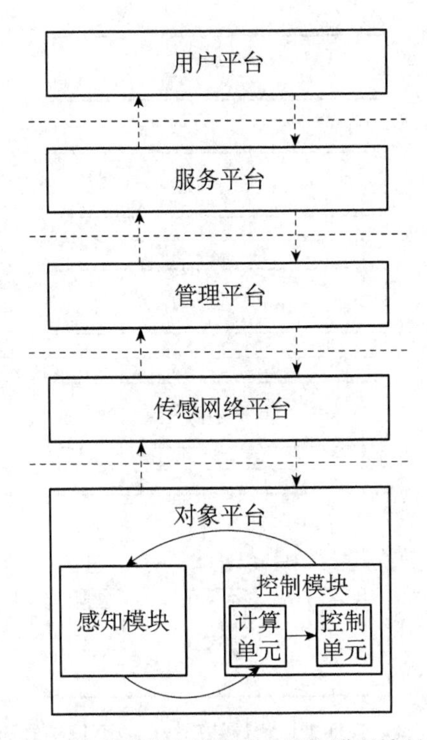


**图 1-3　控制模块物计算形成的物联网控制闭环**

息进行物计算，生成控制单元能够识别并执行的控制信息。

在控制模块中，控制信息在执行后以功能的形式表现出来，并将控制信息的执行结果反馈给感知模块，形成对象平台内部的控制闭环，实现对象为用户提供的感知和控制服务。

3. 管理模块物计算

管理模块物计算由管理模块来执行。管理模块相对于感知模块和控制模块独立存在，独立行使物计算功能。管理模块物计算形成的物联网控制闭环见图 1-4。

感知模块获取感知信息后，传输给管理模块，由管理模块完成对感知信息的物计算。物计算后的感知信息传输给控制模块。控制模块将接收到的感知信息转化为控制信息并执行。

在控制模块中，控制信息执行后以功能的形式表现出来，并将控制信息的执行结果依次反馈给管理模块、感知模块，形成控制闭环，实现对象为用户提供的感知控制服务。

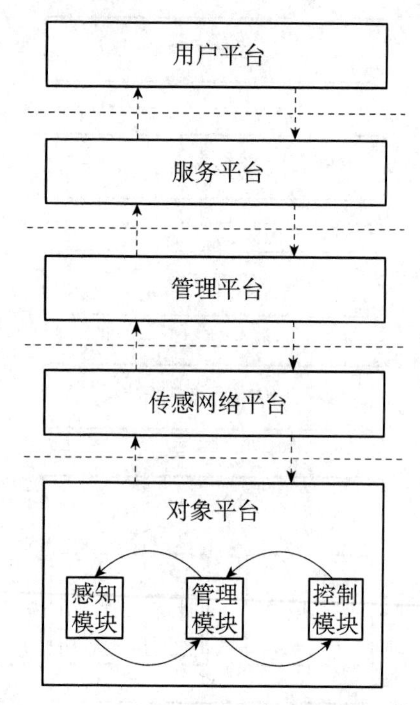


**图 1－4　管理模块物计算形成的物联网控制闭环**

## 二、传感网络平台物计算

传感网络平台连接着管理平台和对象平台，其物理实体包括无线通信模块、网关、电信运营商通信服务器、传感网络管理服务器，物联网信息在各物理实体中的运行表现出感知传感和控制传感功能。

感知信息和控制信息到达传感网络平台后，无线通信模块、网关、电信运营商通信服务器、传感网络管理服务器均会对信息进行认证、过滤、加密等计算处理。一些物联网应用场景对实时性要求较高，感知信息可能不会到达传感网络管理平台服务器，需用到霾计算和雾计算，二者由用户主导控制，属于传感网络平台物计算的一部分。

### 1. 霾计算

霾计算是传感网络平台的一种信息安全管理计算，能够过滤物联网信息中的干扰、冗余信息，保证传感信息的准确性、有效性及合法性。

霾计算相对于云计算所处位置更加靠近对象，是在用户授权的条件下，传感网络平台中的无线通信模块代替用户对对象进行感知控制。霾计算形成的物联网控制闭环见图 1－5。

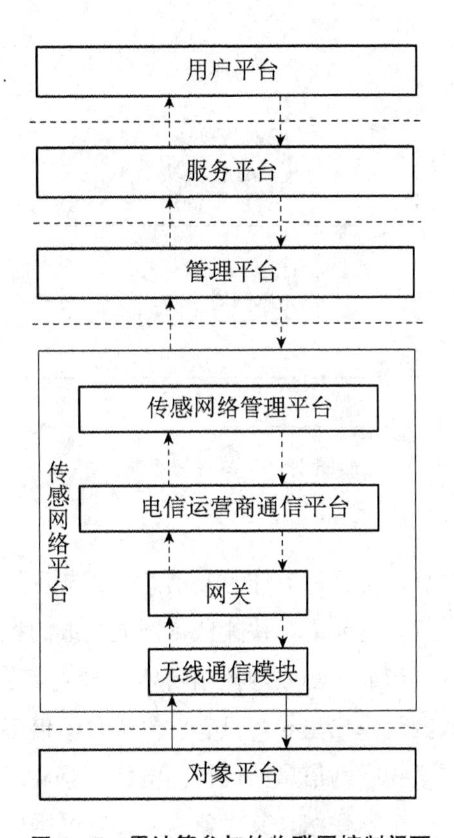


**图 1－5 霾计算参与的物联网控制闭环**

霾计算参与的物联网只有对象平台和传感网络平台中的无线通信模块直接参与了对对象的感知和控制。网关、无线通信模块、对象平台可以看作是一个物联网，其对象为主体物联网对象平台，用户为主体物联网中的网关，无线通信模块为主体物联网的管理平台，如图 1－6 所示。

对象平台将获取的感知信息传输给传感网络平台的无线通信模块时进行霾计算，除去干扰信息以及无用、冗余信息，生成控制信息传输给对象平台。

对象平台对接收到的控制信息进行认证、解析等处理，完成控制信息的执行，并以功能的形式表现出来。控制信息执行后的反馈信息传输给对象平台感知信息系统。传感网络平台的无线通信模块与对象平台形成物联网控制闭环，实现对象为用户提供的感知和控制服务。

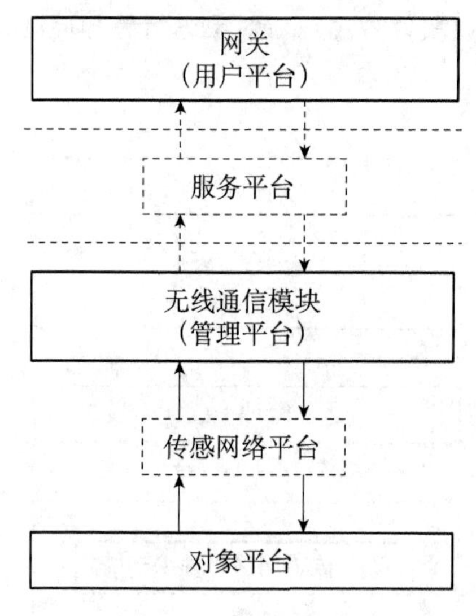


**图 1-6 霾计算结构**

2. 雾计算

雾计算是一种物计算，可将计算能力和信息分析应用扩展至传感网络平台中的网关，利用网关信息管理的能力，快速获得网关生成的控制信息，提高对象感知控制的及时性。雾计算形成的物联网控制闭环见图 1-7。

雾计算参与的物联网由用户主导，只有对象平台、传感网络平台中的无线通信模块和网关直接参与了物联网信息的运行。电信运营商通信平台、网关、本地无线通信模块可以看作一个物联网，其对象为主体物联网的无线通信模块，用户为主体物联网电信运营商通信平台，管理平台为主体物联网网关，如图 1-8 所示。

无线通信模块在获取感知信息后，将其传输给网关。

网关对感知信息进行雾计算，包括认证、解析、加工等，生成控制信息传输给无线通信模块，最终传输给主体物联网的对象平台。

主体物联网对象平台对控制信息进行验证和解析，完成控制信息的执行，并以相应功能的形式表现出来，形成物联网控制闭环，实现对象为用户提供的控制服务。

## 三、管理平台物计算

管理平台连接着传感网络平台和服务平台，管理平台服务器是其主要物理实

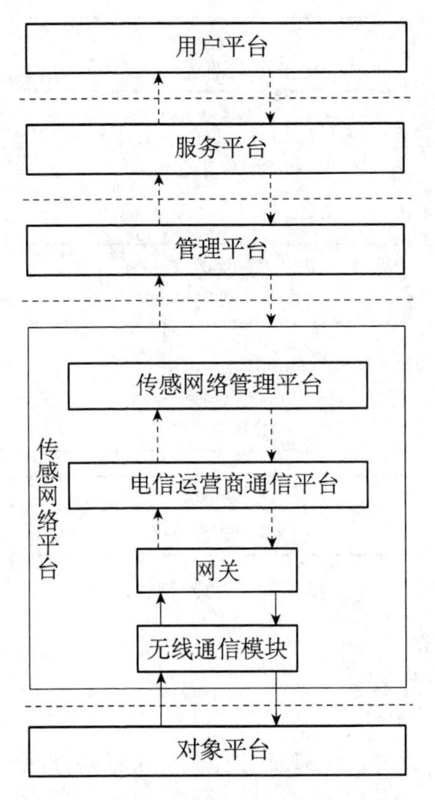


**图 1-7　雾计算参与的物联网控制闭环**

体。物联网感知信息和控制信息通过在管理平台服务器上运行表现出感知管理和控制管理功能。

管理平台服务器汇集有物联网全部的信息，可对物联网信息进行认证、解析、分级/分类储存等计算处理。管理平台服务器物计算后的信息的运行方式由用户确定。

## 四、服务平台物计算

服务平台连接着管理台和用户平台，服务平台服务器是其主要物理实体。物联网感知信息和控制信息通过在服务平台服务器上运行表现出感知服务和控制服务功能。

服务平台服务器可对物联网信息进行鉴权、加密、过滤等计算处理，物计算后的信息按照用户的授权情况运行，为用户提供物联网服务。

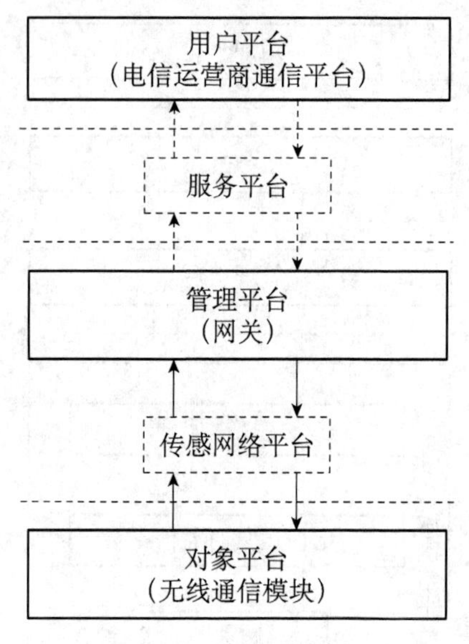


**图 1-8　雾计算结构**

## 五、用户平台物计算

用户是物联网的主导者，也是感知控制服务的享受者。用户接收到感知信息后，会对感知信息进行分析判断，生成相应的控制信息传输给对象，实现对对象的感知和控制。

# 第二章
# 云平台

# 第一节　云平台概述

云平台中的“云”是一种比喻的说法：在计算机流程图中，云状图案是对各种繁杂的软硬件设施的一种抽象表达。云平台提供的服务通常是云平台运营者定义好的服务集合，有较好的通用性，在这组服务集合之上可进一步建立各种应用，以满足不同用户的需求。近年来云平台得到了快速发展，其核心竞争优势是其强大的信息处理能力，在各领域得到了广泛应用。

云计算是云平台服务的核心，是云平台提供的一种信息处理模式，能够对“共享”的可配置的信息处理资源（包括服务器、操作系统、网络、存储设备等）提供无所不在的、打破空间界限的信息处理服务：用户无须关心“云”中各软硬件设施是什么，是怎么联系的，不需要具有相应的专业知识，也无须直接进行控制，只需要用户授权，向云平台中输入需求，由云平台向用户输出服务。

利用云平台提供的云计算服务，物联网用户不需要自己布设基础设施（各类管理服务器、数据库服务器、通信服务器、网络通信设施等）、系统（各类管理系统、服务系统、通信系统等）以及软件（数据库管理软件、通信管理软件、SDE 软件等），只需要向云平台运营者提出需求，购置少量终端设备，满足云平台接口要求，通过购买服务实现业务管理的智能化和信息管理的可视化、高效化。对于用户而言，只要与云平台连接通畅，可随时随地通过终端设备接入云平台享受服务。云平台运营者通过云平台除为用户提供约定的服务外，还可通过数据增值服务（如大数据挖掘等增值服务）带来新的盈利点（云平台运营者将相关信息运用于商业活动前需获得信息拥有者的授权许可，并对信息进行脱敏处理）。

以云计算为核心服务的云平台服务模式，可以通过规模增益和资源共享的方式解决物联网各平台信息处理能力不足的问题，可为物联网提供高效的、动态的、可大规模扩展的计算能力，使用户主导的物联网更好、更高效地运行。

# 第二节 云平台结构

世界是物联网的总和，世界上的各种现象均是物联网的功能表现，云平台亦是如此。云平台面对的用户数量众多，其信息来源于对象，服务于用户：云平台从对象处获得感知信息，经过云平台的云计算处理后为用户提供感知服务，同时接收用户发来的控制信息，云计算处理后传输给对象，由对象执行控制，为用户提供控制服务。云平台为用户提供云计算服务的过程是感知信息和控制信息在云平台内部转换、融合的过程：云平台为用户提供云计算服务时，对象感知信息会依次转换为感知传感信息、感知管理信息、感知服务信息，然后传输给用户，用户控制信息会依次转换为控制服务信息、控制管理信息、控制传感信息，然后传输给对象。因此，云平台为用户提供的服务本质上是感知和控制服务，属于物联网服务，云平台内部存在传感网络平台、管理平台和服务平台。云平台结构如图 2-1 所示。

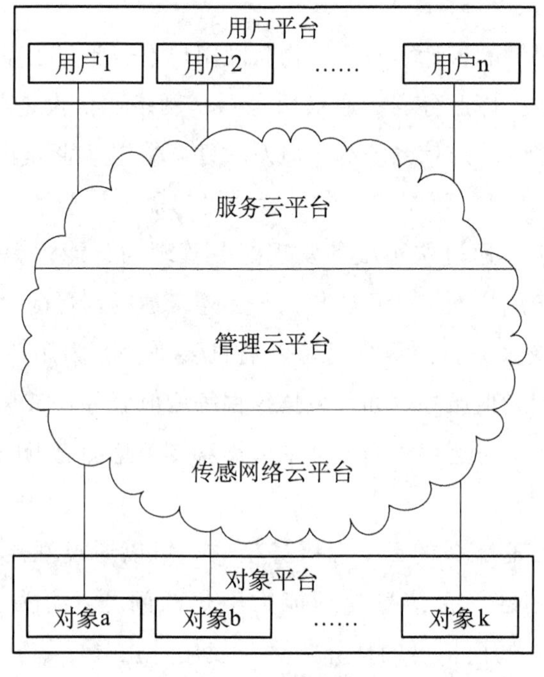


**图 2-1 云平台结构**

云平台由传感云平台、管理云平台、服务云平台组成，共同为用户提供云服务。表面上看云平台与用户之间是服务提供者和服务享受者的关系，实际上真正的服务提供者是对象。云平台为用户提供服务的基础是信息，但云平台中的信息不是凭空存在的，其多数信息是从外界获取的，提供这些外界信息的事物才是物联网用户服务的提供者，即对象平台。

## 第三节　云平台类型

如前文所述，云平台可分为传感云平台、管理云平台以及服务云平台。用户可根据具体的业务需求灵活选择云平台服务方式：可选择整个云平台（传感云平台＋管理云平台＋服务云平台）来提供云计算服务，也可选择云平台中的某部分（传感云平台、管理云平台、服务云平台三者中的一个或两个）来提供云计算服务。

### 一、传感云平台

传感云平台是实现传感通信的云平台，能够实现对巨大数据量级的传感信息的传输和计算。传感云平台能够接收对象的感知信息，也能向对象发送控制信息。

传感云平台能够对接收到的感知信息和控制信息进行云计算，云计算的内容包括信息认证、过滤、加密等，防止非法、未授权信息上传和下发，能对通信进行鉴权，实现 IP 地址管理、防火墙规则管理、网络流量控制管理等。

### 二、管理云平台

管理云平台是实现信息汇集、统筹管理的云平台，能够实现感知信息和控制信息的管理和计算。管理云平台中汇集了云平台中全部的信息，能够实现对整个云平台的综合、统筹管理。

管理云平台能够提供海量信息的计算能力，能对汇集来的信息进行云计算：信息认证、解析、检索、统计、分析、分类、存储、备份、隔离等，同时能够实现对设备的管理，包括设施检索、设备注册和注销、设备调用等。管理云平台将云计算后的物联网信息传输给用户或对象，实现用户感知和对象控制，实现用户意志。

### 三、服务云平台

服务云平台是实现服务通信的云平台，能够实现对感知信息和控制信息的管理和计算。服务云平台与用户直接通信，能够将对象的感知信息发送给用户，也能接收用户下发的控制信息。

服务云平台能够对接收到的感知信息和控制信息进行云计算，云计算的内容包括信息认证、加密、过滤等，防止虚假、未授权、冗余信息上传和下发，实现接口管理、防火墙规则管理、网络流量控制管理等。通过服务云平台，感知信息和控制信息的有效性和合法性得到了保证。

## 第四节 云平台运营者类型

云平台运营者包括政府、电信运营商、网络业务运营商、设备运营商、网络运营商。不同运营者的云平台各具特点，但最终目的都是为用户提供服务，实现用户意志。不同运营者运营的云平台分别被称为政府云平台、电信运营商云平台、网络业务运营商云平台、设备运营商云平台以及网络运营商云平台。

### 一、政府

政府是社会的管理者，由其建立、运行和维护的云平台被称为政府云平台。

经济和社会信息化的不断发展，促使政府对信息化的需求越来越高。政府云平台的建立能够实现信息的流通和共享，能够实现人力资源、物质资源以及信息资源最充分的利用和配置，实现社会治理的高效化和智慧化。

政府作为国家管理机构，政府云平台对信息的管理和利用具有严格的规章制度和规范的程序，能够保证用户信息安全。

## 二、电信运营商

电信运营商是电信网络的运营者，伴随云平台的出现，其角色定位由“管道提供者”向“平台运营的管理者”转变，由其建立、运行和维护的云平台被称为电信运营商云平台。

电信运营商云平台的建立需要政府批准，在运行中需由相关部门或具有资质的第三方服务机构监管。电信运营商云平台具有强大的服务提供能力和信息安全保障能力，在满足用户服务需求的同时，能够做到规范使用用户信息。

## 三、网络业务运营商

网络业务运营商是向社会公众、政府机构、社会机构提供网络业务服务的社会公共运营商，由其建立、运行和维护的云平台被称为网络业务运营商云平台。

网络业务运营商云平台的建立完全由网络业务运营商自身负责，它们具有较强的服务提供能力和信息安全保障能力，政府负责网络业务运营商云平台建立前的批准，监管则由相关部门或有资质的第三方机构执行。

## 四、设备运营商

设备运营商是网络业务运营商中的一类，在此特指物联网对象平台物理实体的制造商。设备运营商云平台不仅为用户提供云服务，同时也为用户提供物联网对象平台的物理实体。由设备运营商建立、运行和维护的云平台被称为设备运营商云平台。

设备运营商云平台的建立和运行由设备运营商负责，政府负责设备运营商云平台建立前的批准。设备运营商云平台提供的云服务与所提供的对象平台物理实体的功能息息相关，因此设备运营商云平台多为某一特定行业提供服务。设备运营商云平台对所提供的云服务和对象物理实体的管理具有较大的权利。

## 五、网络运营商

网络运营商是指 Internet 运营商，具体是指负责互联网域名、域名体系和 IP 地址等管理的根服务器运营商，由其建立、运行和维护的云平台被称为网络运营商云平台。

网络运营商负责网络运营商云平台的建立和运行，政府负责网络运营商云平台建立前的批准，监管由相关部门或有资质的第三方机构进行。对网络运营商云平台的监管内容包括信息的来源和去向、信息用途等，做到合法信息准出/准入、危害信息拒止，保障云平台用户的利益。

# 第三章
# 云平台参与的物联网

在物联网运行体系中，对象和用户之间是一种服务与被服务的关系，存在着感知和控制的信息交互。传感、管理以及服务是对象与用户交互过程中形成的不同功能状态，是对象和用户交互过程中的三个必要环节，因此不同类型的云平台可连接或承接于物联网的传感网络平台、管理平台以及服务平台，为物联网信息处理提供云计算服务，实现用户意志。

云平台参与的物联网的形式由管理平台代替用户确定。依据云平台所连接或承接的功能平台不同，云平台参与的物联网结构可分为单云平台参与的物联网、两云平台参与的物联网以及三云平台参与的物联网。

## 第一节　单云平台参与的物联网

单云平台参与的物联网是指物联网的传感网络平台、管理平台、服务平台中的某一功能平台被云平台连接或承接。根据云平台连接或承接的功能平台不同，单云平台参与的物联网分为传感云平台参与的物联网、管理云平台参与的物联网、服务云平台参与的物联网。

### 一、传感云平台参与的物联网

传感云平台参与的物联网是指物联网中仅有传感网络平台中的传感网络管理平台被云平台连接或承接。传感云平台可以为政府云平台、电信运营商云平台、网络业务运营商云平台、设备运营商云平台以及网络运营商云平台中的任一云平台。在传感云平台参与的物联网中，在确定对象后，用户只需要向传感云平台提供接口，便能享受到传感云平台提供的云计算服务。

在传感云平台参与的物联网中，物联网信息的运行并非都要通过用户。在特定应用场景下，用户可通过分级授权的方式，由其他功能平台代替用户对对象进行感知控制。根据用户授权的平台不同，传感云平台参与的物联网形成的物联网控制闭环主要存在四种形式：传感云平台（传感网络管理平台）控制的物联网控制闭环、管理平台控制的物联网控制闭环、服务平台控制的物联网控制闭环、用户平台控制的物联网控制闭环。

1. 传感云平台（传感网络管理平台）控制的物联网控制闭环

这是指有且仅有传感云平台连接或承接于物联网传感网络平台的传感网络管理平台。用户授权传感云平台（传感网络管理平台）直接对对象的感知和控制，对象平台与传感云平台（传感网络管理平台）形成物联网控制闭环。传感云平台（传感网络管理平台）控制的物联网控制闭环见图 3－1。

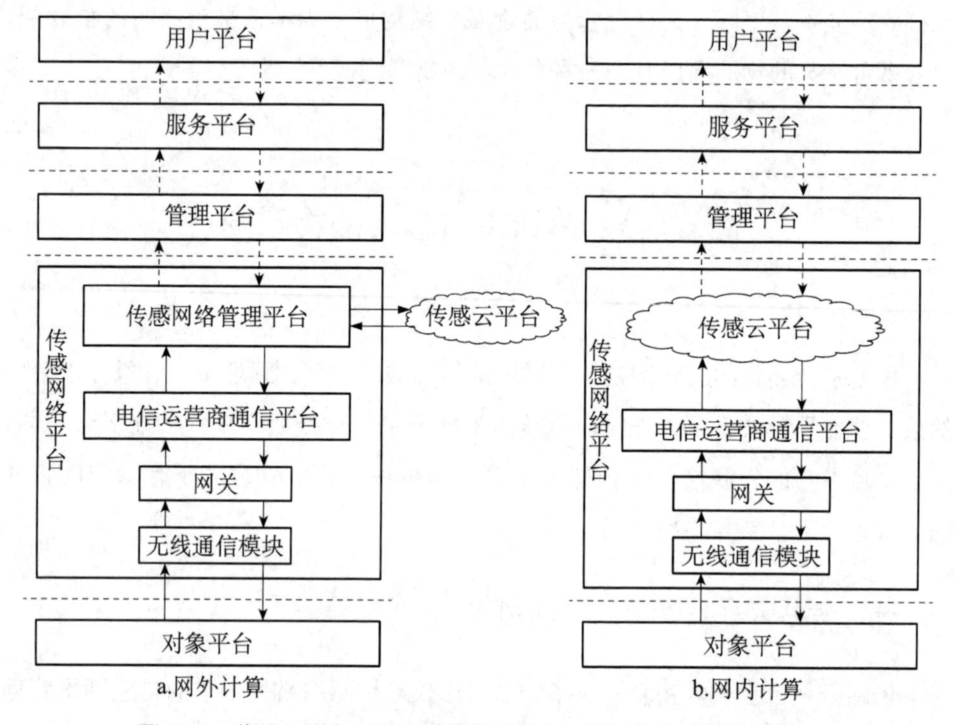


**图 3－1　传感云平台（传感网络管理平台）控制的物联网控制闭环**

对象平台将获取的感知信息传输给传感网络平台，由传感网络平台的无线通信模块、网关分别对感知信息进行认证、鉴权、协议转换等处理，然后将感知信息传输给电信运营商通信平台。此时物联网感知信息有两种运行方式：

（1）传感云平台网外计算。

如图 3－1a 所示，电信运营商通信平台将感知信息传输给传感网络管理平台，再由传感网络管理平台传输给网外的传感云平台进行云计算。云计算后的感知信息再传输回传感网络管理平台进行物计算，确定信息的合法性和有效性，在拥有用户授权的情况下根据感知信息内容生成控制信息。

(2) 传感云平台网内计算。

如图 3-1b 所示，电信运营商通信平台将感知信息传输给已纳入物联网中的传感云平台进行云计算。在拥有用户授权的情况下，传感云平台控制信息系统依据感知信息内容生成控制信息。

经传感云平台网外计算或网内计算获得的控制信息传输给电信运营商通信平台，依次通过网关、无线通信模块传输给对象平台。

对象平台控制信息系统对接收到的控制信息进行验证和解析等处理，完成控制信息的执行，并以相应功能的形式表现出来，控制信息执行后的反馈信息传输给对象平台感知信息系统。在本信息运行方式中，传感网络管理平台（传感云平台）与对象平台形成物联网控制闭环，实现对象为用户提供的感知和控制服务。

2. 管理平台控制的物联网控制闭环

在拥有用户授权的情况下，感知信息到达管理平台后，由管理平台代替用户生成控制信息，实现对对象的感知控制。管理平台与对象平台之间形成物联网控制闭环，管理平台控制的物联网控制闭环见图 3-2。

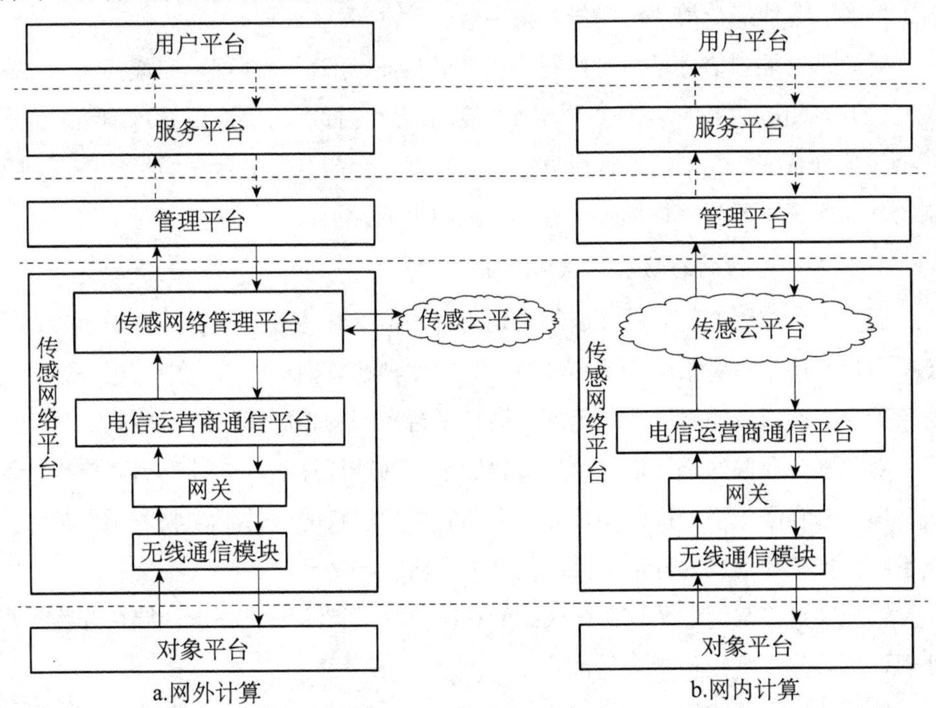


**图 3-2　管理平台控制的物联网控制闭环**

对象平台获得的感知信息经过传感云平台网外计算或网内计算后传输给管理平台，由管理平台感知信息系统进行认证、解析、存储等物计算处理。在拥有用户授权的情况下，管理平台控制信息系统根据感知信息内容生成控制信息传输给传感网络平台。此时物联网控制信息有两种运行方式：

(1) 传感云平台网外计算。

如图 3-2a 所示，管理平台将控制信息传输给传感网络管理平台，再由传感网络管理平台将控制信息传输给网外的传感云平台进行云计算。云计算后的控制信息再传输给传感网络管理平台进行物计算，确定控制信息的合法性和有效性。

(2) 传感云平台网内计算。

如图 3-2b 所示，传感云平台被纳入物联网中，承接物联网的传感网络管理平台。管理平台将控制信息传输给传感云平台进行云计算，对控制信息的合法性、有效性等进行验证，对通信进行鉴权。通过有效性验证和通信鉴权的控制信息再被解析、过滤、加工等处理。

经传感云平台网外计算或网内计算的控制信息依次经过电信运营商通信平台、网关、无线通信模块传输给对象平台。

对象平台控制信息系统对控制信息进行验证、解析等处理，完成控制信息的执行，并以相应功能的形式表现出来，控制信息执行后的反馈信息传输给对象平台感知信息系统。在本信息运行方式中，管理平台与对象平台之间形成物联网控制闭环，实现对象为用户提供的感知和控制服务。

3. 服务平台控制的物联网控制闭环

服务平台控制的物联网控制闭环是指感知信息到达服务平台后，用户授权服务平台代替用户对对象进行感知和控制。在此种物联网运行方式中，服务平台与对象平台之间形成物联网控制闭环，服务平台控制的物联网控制闭环见图 3-3。

对象平台获取的感知信息经过传感云平台网外计算或网内计算后，依次传输给管理平台和服务平台进行物计算。在拥有用户授权的条件下，服务平台控制信息系统根据感知信息内容生成控制信息下发给管理平台。

管理平台控制信息系统对接收到的控制信息进行认证、解析、储存等物计算处理，然后传输给传感网络平台。

控制信息被传感网络平台接收后，先由传感云平台进行网外计算或网内计算。经传感云平台云计算后的控制信息依次经过电信运营商通信平台、网关、通

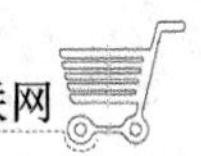

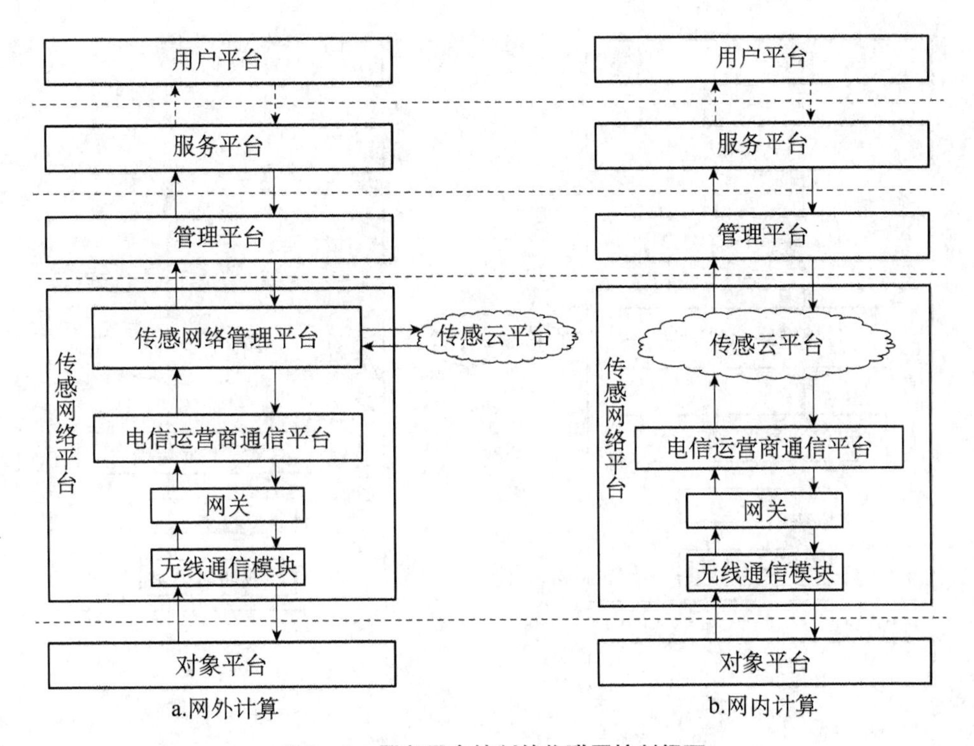


**图 3-3　服务平台控制的物联网控制闭环**

信模块传输给对象平台。

对象平台控制信息系统对控制信息进行验证、解析等物计算处理，完成相应控制信息的执行，并以相应功能的形式表现出来

控制信息执行后的反馈信息传输给对象平台感知信息系统，服务平台与对象平台之间形成物联网控制闭环，实现对象为用户提供的感知和控制服务。

4. 用户平台控制的物联网控制闭环

在传感云平台参与的物联网中，由用户对感知信息进行分析、判断，生成控制信息，形成用户平台直接控制的物联网控制闭环。感知信息和控制信息在各功能平台之间相互转化，共同参与完成用户对对象的感知和控制。用户平台控制的物联网控制闭环见图 3-4。

对象平台获取的感知信息经过传感云平台网外计算或网内计算、管理平台物计算、服务平台物计算后传输给用户平台。

用户平台为感知信息到达的最后一个平台，通过对感知信息的分析和判断，做出决策，生成用户控制信息传输给服务平台。

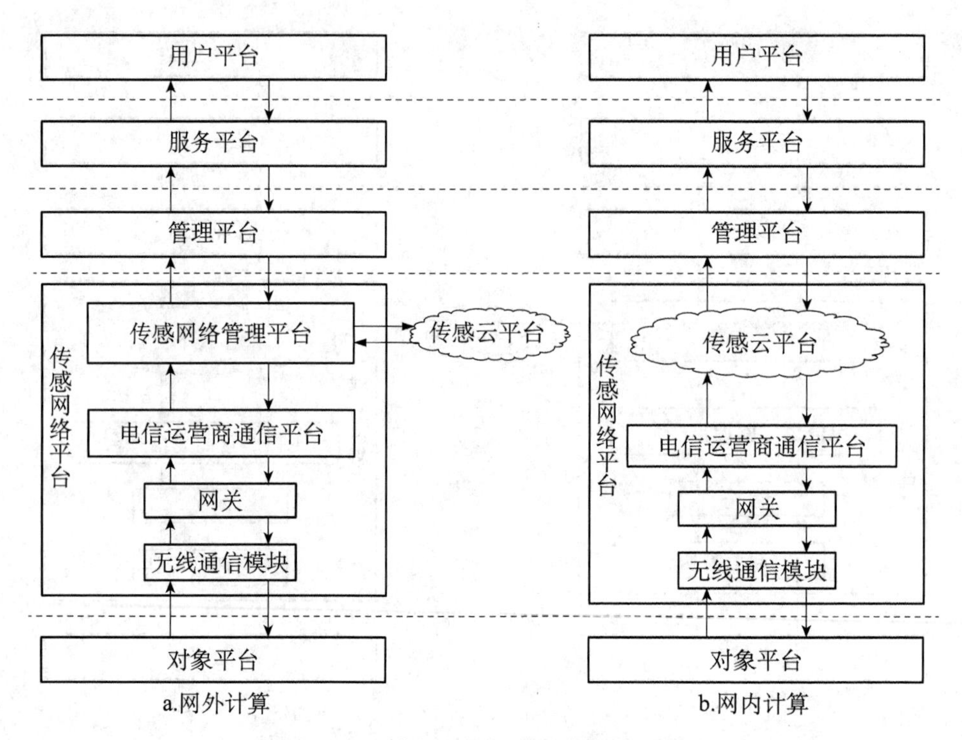


**图 3-4　用户平台控制的物联网控制闭环**

服务平台的控制信息系统在接收到用户控制信息后，对其进行物计算，然后将控制信息传输给管理平台控制信息系统进行认证、解析、储存等物计算处理，再传输给传感网络平台。

控制信息被传感网络平台接收后，先由传感云平台进行网外计算或网内计算，然后依次经过电信运营商通信平台、网关、通信模块传输给对象平台。

对象平台控制信息系统对控制信息进行验证、解析等物计算处理，完成相应控制信息的执行并以相应功能的形式表现出来。

控制信息的执行结果反馈给对象平台感知信息系统，用户平台与对象平台形成物联网控制闭环，实现对象为用户提供的感知和控制服务。

5. 传感云平台与物联网的连接结构

传感云平台是云平台运营者提供的云平台的一部分，传感云平台与云平台的关系见图 3-5。

传感云平台是物联网用户授权外部云平台服务机构（包括政府、电信运营商、网络业务运营商、设备运营商、网络运营商）通过云服务形式提供的传感网

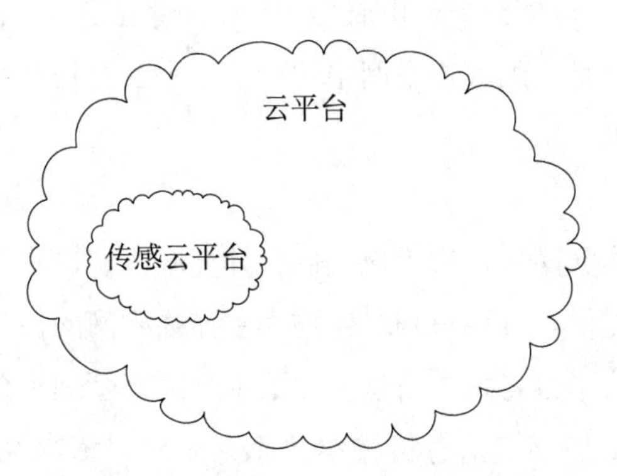


图 3-5　传感云平台与云平台的关系

络管理平台（传感网络平台的一部分）。

传感云平台在双方的协议下由外部云平台服务机构管理和控制，对物联网的传感网络平台中的传感网络管理平台（网外计算）或电信运营商通信平台（网内计算）传输来的感知信息、管理平台（网内计算）或传感网络管理平台（网外计算）传输来的控制信息进行云计算。通过传感云平台，物联网用户只需要输入对传感云平台的需求，传感云平台便能向物联网用户提供传感平台的云计算服务。传感云平台参与的物联网云计算方式见图 3-6。

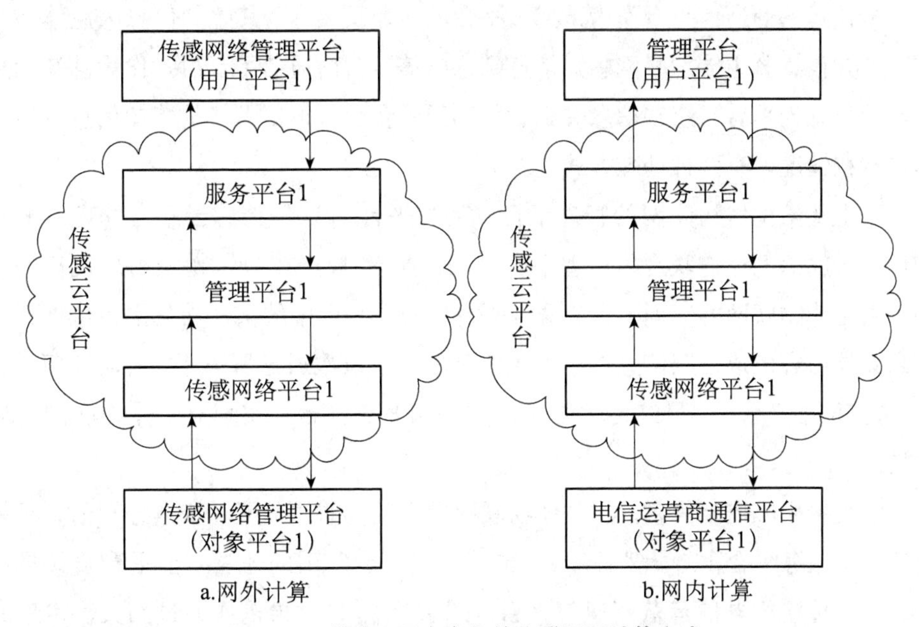


图 3-6　传感云平台参与的物联网云计算方式

如图 3－6 所示，传感云平台由服务平台 1、管理平台 1、传感网络平台 1 组成。基于传感云平台是否纳入物联网中，传感云平台对物联网信息的云计算分为网外计算和网内计算。

（1）网外计算。

传感云平台在物联网之外为用户提供云计算服务，接收到的物联网信息均由传感网络管理平台提供，其用户和对象均为主体物联网的传感网络管理平台。

电信运营商通信平台将感知信息传输给传感网络管理平台，由传感网络管理平台作为对象平台 1 将感知信息传输给传感云平台，依次经过传感网络平台 1、管理平台 1、服务平台 1 云计算后，再传输给作为用户平台 1 的传感网络管理平台，实现传感云平台对主体物联网感知信息的云计算。其对主体物联网控制信息的云计算是感知信息云计算的逆过程。

（2）网内计算。

传感云平台被纳入物联网中，承接的是传感网络平台中的传感网络管理平台，接收到的是电信运营商通信平台传输来的感知信息和管理平台传输来的控制信息。其对象为主体物联网（传感云平台参与的物联网）传感网络平台的电信运营商通信平台，用户为主体物联网的管理平台。

电信运营商通信平台作为传感云平台的对象平台 1，其感知信息为主体物联网的感知信息。主体物联网感知信息到达电信运营商通信平台后，作为感知信息传输给传感云平台。感知信息在到达传感云平台后，根据具体的感知信息内容和用户授权情况，有两种处理方式：

①上传给主体物联网的管理平台（用户平台 1）。经传感云平台处理后的感知信息传输给主体物联网的管理平台（用户平台 1），在主体物联用户授权的条件下由主体物联网的管理平台、服务平台、用户平台中的某一功能平台依据感知信息具体内容生成控制信息传输给传感云平台，依次通过服务平台 1、管理平台 1、传感网络平台 1，最终传输给主体物联网对象平台，实现对主体物联网对象的控制。

②直接生成控制信息。在主体物联网用户授权的情况下，依据感知信息具体内容，由服务平台 1、管理平台 1、传感网络平台 1 中的任一功能平台直接生成控制信息传输给电信运营商通信平台（对象平台 1），再依次通过网关、本地通信模块传输给主体物联网的对象平台，由主体物联网对象来执行控制，并以功能

的形式表现出来。

## 二、管理云平台参与的物联网

管理云平台参与的物联网是指仅有管理平台被云平台连接或承接，为物联网运行提供云计算服务。管理云平台可以为政府云平台、电信运营商云平台、网络业务运营商云平台、设备运营商云平台以及网络运营商云平台。在管理云平台参与的物联网中，用户根据自身需求寻找到对象后，只需要向管理云平台提供接口便能享受到云计算服务。感知控制信息在管理云平台中进行云计算，在其他平台进行物计算。

根据用户授权的功能平台不同，管理云平台参与的物联网形成的物联网控制闭环主要存在三种形式：管理云平台（管理平台）控制的物联网控制闭环、服务平台控制的物联网控制闭环、用户平台控制的物联网控制闭环。

### 1. 管理云平台（管理平台）控制的物联网控制闭环

用户通过对管理云平台授权，由管理云平台直接完成对对象的感知控制，提高物联网运行的效率。管理云平台与对象平台之间形成物联网控制闭环，管理云平台（管理平台）控制的物联网控制闭环见图 3－7。

对象平台感知信息系统根据用户需求获得感知信息后传输给传感网络平台，依次经过无线通信模块、网关、电信运营商通信平台、传感网络管理平台进行处理和有效性判定。此时物联网感知信息有两种运行方式：

（1）管理云平台网外计算。

如图 3－7a 所示，传感网络管理平台将感知信息传输给管理平台进行物计算，再由管理平台传输给网外的管理云平台进行云计算。云计算后的感知信息再传输给管理平台，由管理平台感知信息系统对云计算后的感知信息进行物计算，确定管理云平台传输来的信息的合法性和有效性。在拥有用户授权的情况下，管理平台控制信息系统根据感知信息内容生成控制信息。

（2）管理云平台网内计算。

如图 3－7b 所示，传感网络管理平台将感知信息传输给管理云平台感知信息系统进行云计算。在拥有用户授权的情况下，管理云平台控制信息系统根据感知信息内容生成控制信息。

经网外计算或网内计算获得的控制信息传输给传感网络管理平台，由传感网

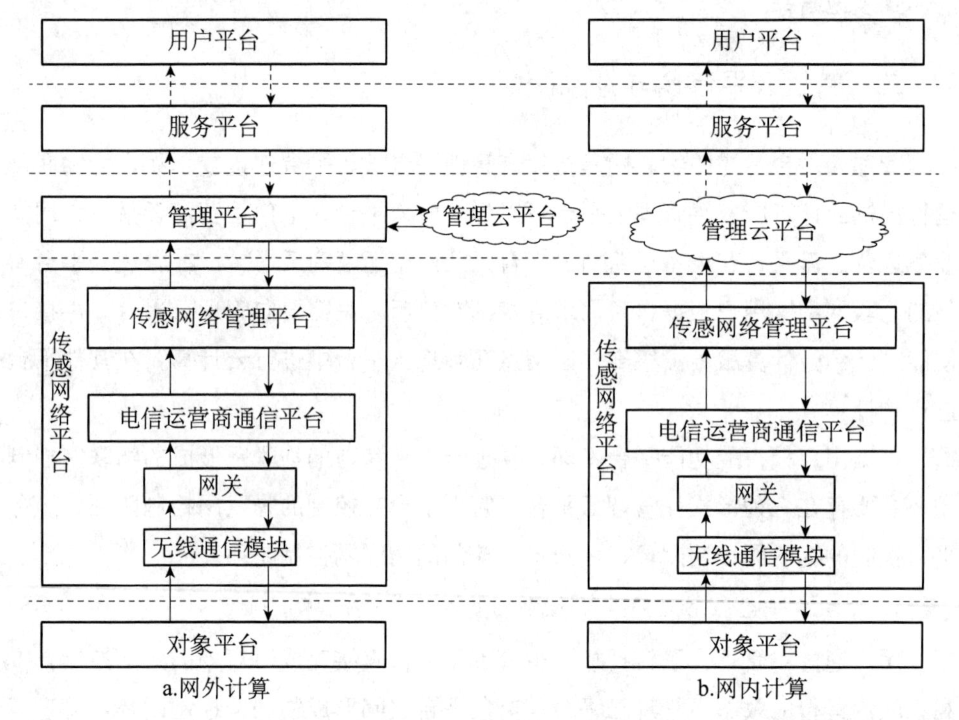


**图 3-7　管理云平台（管理平台）控制的物联网控制闭环**

络控制信息系统对控制信息的合法性、有效性等进行认证，对通信进行鉴权。通过认证和通信鉴权的感知信息依次经过电信运营商通信平台、网关、通信模块传输给对象平台。

在对象平台中，控制信息系统对控制信息进行验证、解析等物计算处理，完成相应控制信息的执行，并以相应功能的形式表现出来。

控制信息的执行结果反馈给对象平台感知信息系统，管理云平台（管理平台）与对象平台形成物联网控制闭环，实现对象为用户提供的控制服务。在此物联网控制闭环中，只有对象平台、传感网络平台和管理云平台（管理平台）直接参与了物联网的运行，整个运行过程由用户主导。

2. 服务平台控制的物联网控制闭环

服务平台控制的物联网控制闭环是指管理云平台参与的物联网中的感知信息在经过管理云平台云计算后，传输给服务平台，在拥有用户授权的情况下，由服务平台代替用户生成控制信息对对象进行感知和控制。服务平台与对象平台之间形成物联网控制闭环，服务平台控制的物联网控制闭环见图 3-8。

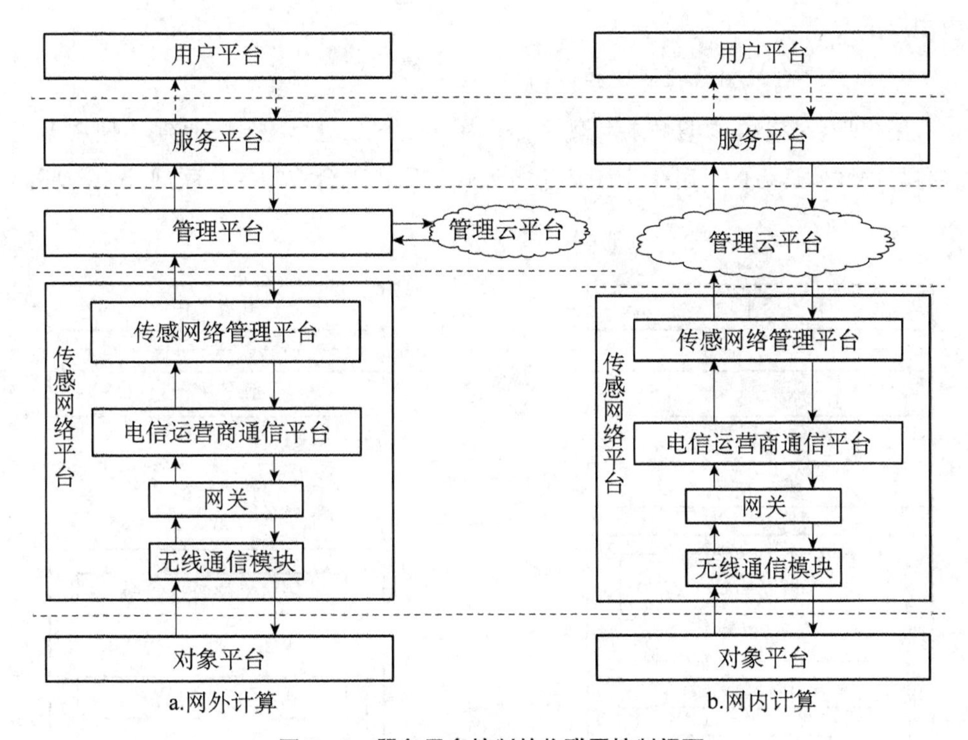


**图 3-8　服务平台控制的物联网控制闭环**

对象平台感知信息系统在获取相应感知信息后，传输给传感网络平台，依次经过无线通信模块、网关、电信运营商通信平台、传感网络管理平台物计算后传输给管理平台或管理云平台。

传感网络平台传输来的感知信息在经过管理云平台网外计算或网内计算后传输给服务平台，由服务平台感知信息系统对其进行物计算。

在拥有用户授权的情况下，服务平台控制信息系统根据感知信息内容生成控制信息传输给管理平台或管理云平台。

控制信息在经过管理云平台网内计算或网外计算后，传输给传感网络平台。

传感网络平台对控制信息进行物计算，对控制信息的合法性、有效性等进行验证，然后将控制信息传输给对象平台。

在对象平台中，控制信息系统对控制信息进行验证、解析等物计算处理，完成相应控制信息的执行，并以相应功能的形式表现出来。

控制信息执行后的反馈信息传输给对象平台的感知信息系统，服务平台与对象平台形成物联网控制闭环，实现对象为用户提供的感知和控制服务，整个过程由用户主导。

3. 用户平台控制的物联网控制闭环

用户平台控制的物联网控制闭环是由用户对对象进行感知和控制，使用户直接参与物联网运行的一种信息闭环运行方式。用户平台控制的物联网控制闭环见图 3－9。

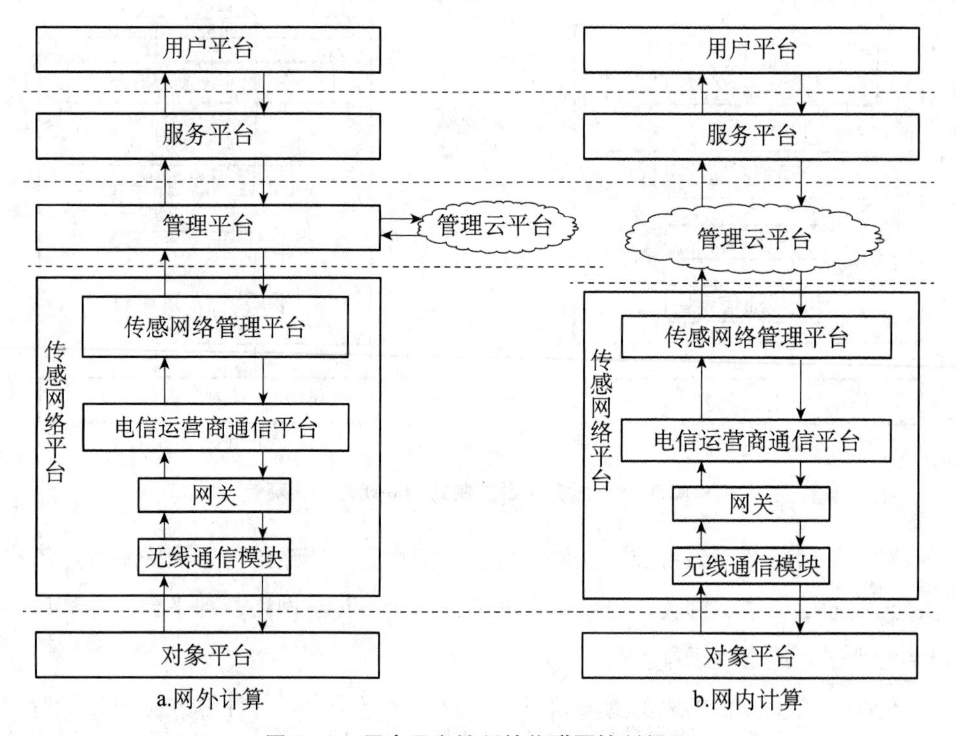


**图 3－9　用户平台控制的物联网控制闭环**

对象平台获取的感知信息经过传感网络平台物计算、管理云平台网外计算或网内计算、服务平台物计算后，传输给用户平台。

用户对感知信息进行分析和判断，做出决策，生成用户控制信息传输给服务平台。

服务平台的控制信息系统在接收到控制信息后，对其合法性、有效性等进行验证，然后传输给管理平台或管理云平台。

控制信息在经过管理云平台网内计算或网外计算后，传输给传感网络平台进行物计算，确定控制信息的合法性、有效性等，然后将控制信息传输给对象平台。

在对象平台中，控制信息系统对控制信息进行验证、解析等物计算处理，完成相应控制信息的执行，并以相应功能的形式表现出来。

控制信息执行后的反馈信息传输给对象平台感知信息系统，用户和对象形成物联网控制闭环，实现对象为用户提供的感知和控制服务。

4. 管理云平台与物联网的连接结构

管理云平台是云平台运营者提供的云平台的一部分，管理云平台与云平台的关系见图 3－10。

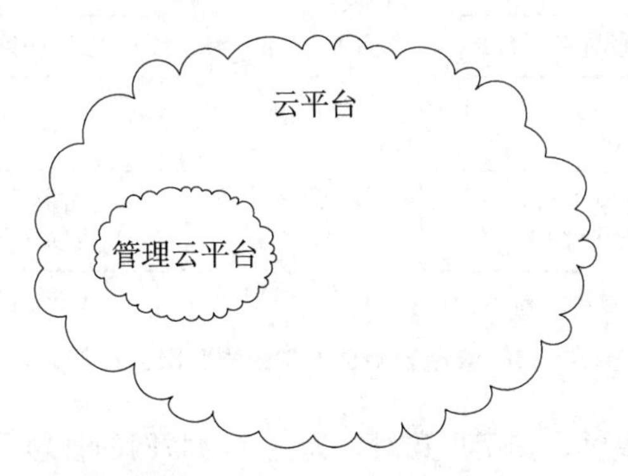


**图 3－10　管理云平台与云平台的关系**

管理云平台是物联网用户授权外部云平台服务机构（包括网络业务运营商、电信运营商、政府、网络运营商、设备运营商）通过其云服务形式提供的管理平台。

管理云平台在双方的协议下由物联网外部云平台服务机构管理和控制，对物联网中服务平台传输来的控制信息和传感网络平台传输来的感知信息进行处理和传输。通过管理云平台，物联网用户只需要输入自身的需求，管理云平台便能向物联网用户提供管理平台的云计算服务，包括信息认证、信息解析、信息检索、信息分析、信息分类、信息存储等，同时能够实现对设备的管理，包括设施检索、设备注册和注销、设备调用等。管理云平台参与的物联网云计算方式见图 3－11。

如图 3－11 所示，管理云平台由服务平台 1、管理平台 1、传感网络平台 1 组成。基于管理云平台是否纳入物联网中，管理云平台对物联网信息的云计算分为网外计算和网内计算两种。

（1）网外计算。

如图 3－11a 所示，管理云平台在物联网之外为用户提供云计算服务，物联

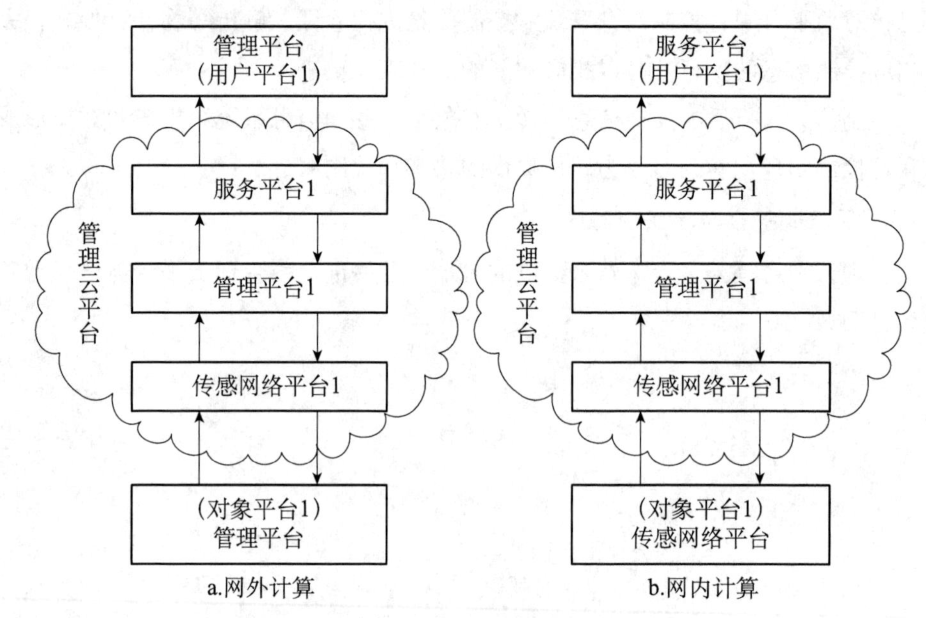


**图 3-11 管理云平台参与的物联网云计算方式**

网信息由管理平台提供，其用户和对象为主体物联网的管理平台。

传感网络平台将感知信息传输给管理平台，由管理平台作为对象平台 1 将感知信息传输给管理云平台，依次经过传感网络平台 1、管理平台 1、服务平台 1 云计算后，再传输给作为用户平台 1 的管理平台，实现管理云平台对主体物联网感知信息的云计算。主体物联网控制信息的云计算是感知信息云计算的逆过程。

(2) 网内计算。

如图 3-11b 所示，管理云平台承接于物联网的管理平台，接收到的是传感网络平台传输来的感知信息和服务平台传输来的控制信息。传感网络平台（对象平台 1）将接收到的感知信息传输给管理云平台。管理云平台在接收到感知信息后，可将处理后的感知信息上传给主体物联网的服务平台或直接转化为控制信息传输给传感网络平台，在主体物联网用户授权的条件下对对象进行控制：

①上传给主体物联网的服务平台（用户平台 1）。经管理云平台处理后的感知信息传输给主体物联网的服务平台（用户平台 1），在主体物联用户授权的条件下由服务平台、用户平台中的某一功能平台根据感知信息直接生成控制信息，传输给管理云平台，依次通过服务平台 1、管理平台 1、传感网络平台 1 最终传输给主体物联网对象平台，实现对主体物联网对象的控制。

②直接生成控制信息。在主体物联网用户授权的情况下，依据感知信息具体内容，由服务平台 1、管理平台 1、传感网络平台 1 的任一功能平台直接生成控制信息传输给传感网络平台（对象平台 1），最终传输给主体物联网的对象平台，由主体物联网对象来执行控制信息，并以功能的形式表现出来。

## 三、服务云平台参与的物联网

服务云平台参与的物联网是指仅有物联网服务平台被云平台连接或承接，为物联网信息运行提供云计算服务，其他功能平台无云平台连接或承接。服务云平台可以是政府云平台、电信运营商云平台、网络业务运营商云平台、设备运营商云平台或网络运营商云平台。在服务云平台参与的物联网中，用户确定对象后，只需要向服务云平台提供接口，便能享受到云计算服务。

根据用户授权的功能平台不同，服务云平台参与的物联网形成的物联网控制闭环主要存在两种形式：服务云平台控制的物联网控制闭环、用户平台控制的物联网控制闭环。

### 1. 服务云平台（服务平台）控制的物联网控制闭环

物联网用户从自身的实际需求出发，通过授权服务平台的方式，由服务平台代替用户对对象进行感知和控制，以提高物联网运行的效率。服务云平台（服务平台）与对象平台之间形成物联网控制闭环，服务云平台（服务平台）控制的物联网控制闭环见图 3－12。

对象平台感知信息系统在获取相应感知信息后，将其传输给传感网络平台和管理平台进行物计算，此时物联网感知信息具有两种运行方式：

（1）网外计算。

如图 3－12a 所示，管理平台将物计算后的感知信息传输给服务平台进行物计算，再由服务平台传输给网外的服务云平台进行云计算。云计算后的感知信息再传输给服务平台，由服务平台感知信息系统对云计算后的感知信息进行物计算，确定服务云平台传输来的感知信息的合法性及正确性。此时服务平台控制信息系统可根据感知信息内容生成控制信息。

（2）网内计算。

如图 3－12b 所示，管理平台将感知信息直接传输给处于物联网内部的服务云平台感知信息系统进行云计算。此时服务云平台已获得用户授权，可根据云计

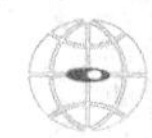

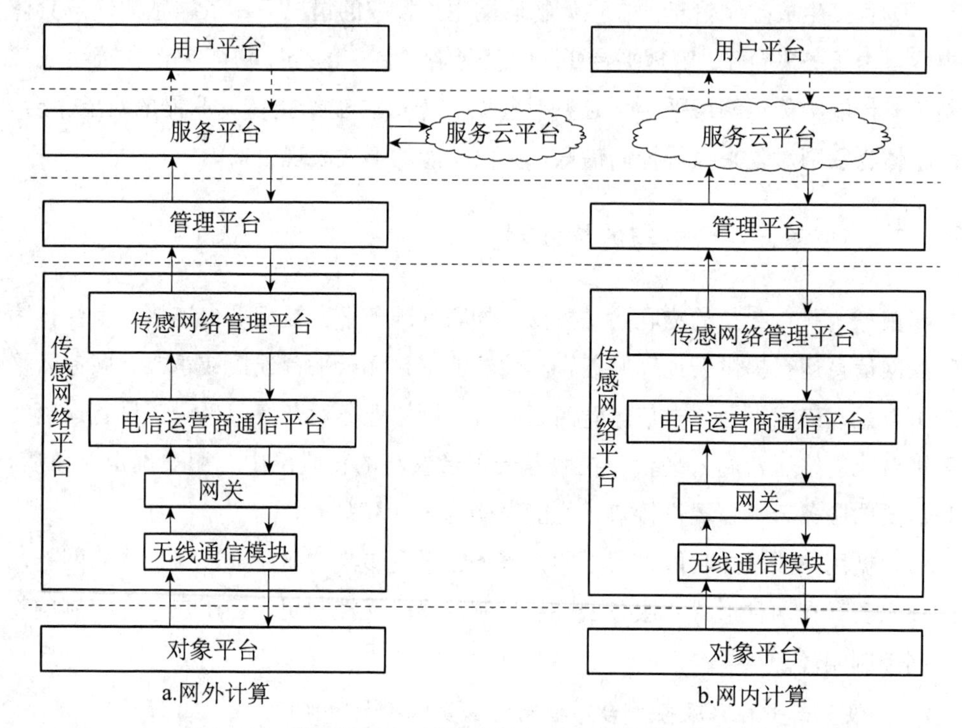


**图 3－12　服务云平台（服务平台）控制的物联网控制闭环**

算后的感知信息内容，由服务云平台控制信息系统直接生成控制信息。

经网外计算或网内计算获得的控制信息传输给管理平台，由管理平台控制信息系统进行物计算，包括认证、解析、储存等物计算处理，然后传输给传感网络平台。传感网络平台控制信息系统对其进行物计算，依次通过传感网络管理平台、电信运营商通信平台、网关、通信模块将控制信息传输给对象平台。

在对象平台中，控制信息系统对控制信息进行验证、解析等物计算处理，完成相应控制信息的执行，并以相应功能的形式表现出来。

控制信息执行后的反馈信息传输给对象平台感知信息系统，服务云平台（服务平台）与对象平台形成物联网控制闭环，实现对象为用户提供的感知和控制服务。

2. 用户平台控制的物联网控制闭环

用户是物联网运行的主导者，能够对接收到的感知信息进行判断，并做出相应的决策，形成由用户直接控制物联网控制闭环。用户平台控制的物联网控制闭环见图 3 - 13。

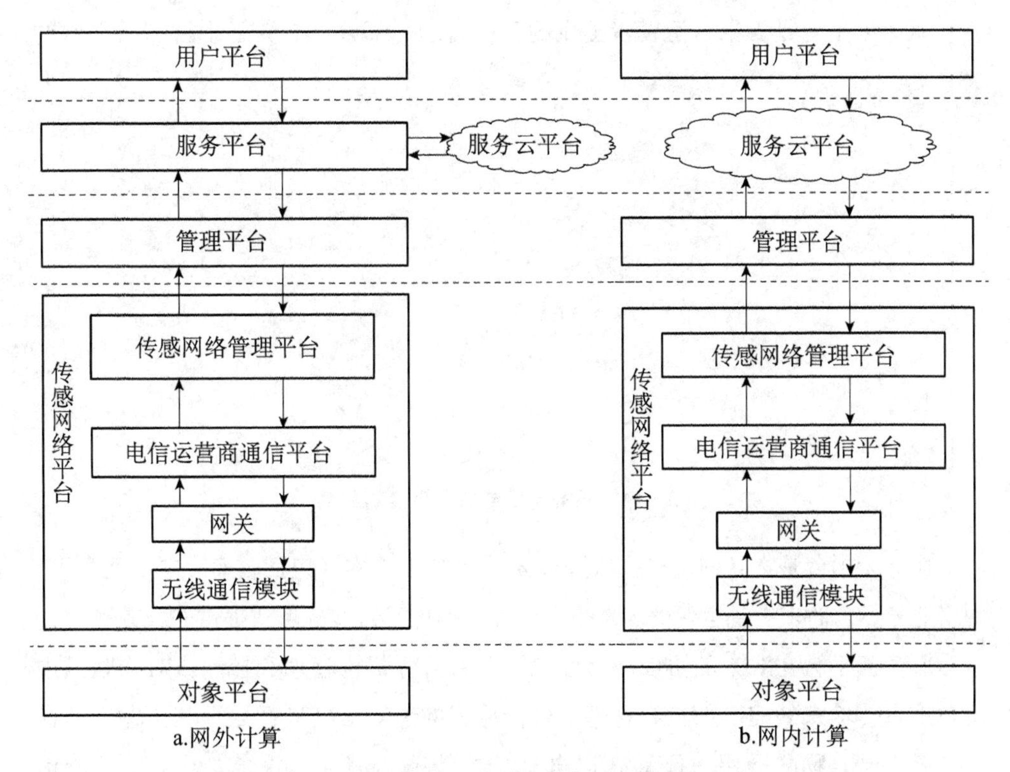


**图 3 - 13　用户平台控制的物联网控制闭环**

对象平台感知信息系统获取的感知信息通过传感网络平台物计算、管理平台的物计算、服务云平台网外计算或网内计算后，传输给用户平台。

用户对感知信息进行分析和判断，做出决策，生成控制信息传输给服务平台或服务云平台。

经服务云平台网外计算或网内计算的控制信息传输给管理平台，由管理平台控制信息系统进行物计算，然后传输给传感网络平台。

传感网络平台控制信息系统对控制信息进行物计算，依次通过传感网络管理平台、电信运营商通信平台、网关、通信模块将控制信息传输给对象平台。

在对象平台中，控制信息系统对控制信息进行验证、解析等物计算处理，完成相应控制信息的执行，并以相应功能的形式表现出来。

控制信息执行后的反馈信息传输给对象平台感知信息系统，用户平台与对象平台形成物联网控制闭环，实现对象为用户提供的感知和控制服务。

3. 服务云平台与物联网的连接结构

服务云平台是云平台运营者提供的云平台的一部分，服务云平台与云平台的关系见图 3-14。

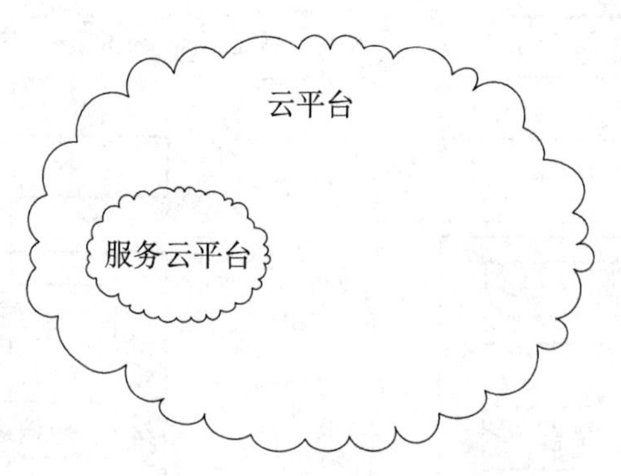


**图 3-14 服务云平台与云平台的关系**

服务云平台是物联网用户授权外部云平台服务机构（包括政府、电信运营商、网络业务运营商、设备运营商、网络运营商）通过其云服务形式提供的服务平台。

服务云平台在双方的协议下由外部云平台服务机构管理和控制，对物联网中用户平台传输来的控制信息和管理平台传输来的感知信息进行处理和传输。通过服务云平台，物联网用户能够获取自身需要的感知信息，并能向其下发控制信息。服务云平台行使的是服务通信功能，能够对接收到的服务信息进行云计算，包括信息认证、信息解析、信息加密、信息过滤等，防止虚假、未授权、冗余信息上传和下发。服务云平台参与的物联网云计算方式见图 3-15。

如图 3-15 所示，服务云平台由服务平台 1、管理平台 1、传感网络平台 1 组成。基于服务云平台是否纳入物联网中，服务云平台对物联网信息的云计算分为网外计算和网内计算两种。

（1）网外计算。

如图 3-15a 所示，服务云平台在物联网之外为用户提供云计算服务，物联网信息由主体物联网服务平台提供，其用户和对象为主体物联网的服务平台。

管理平台将感知信息传输给服务平台，由服务平台作为对象平台 1 将感知信息传输给服务云平台，依次经过传感网络平台 1、管理平台 1、服务平台 1 云计算后，再传输给同时作为用户平台 1 的主体物联网服务平台，实现服务云平台对主体物联网感知信息的云计算。主体物联网控制信息的云计算是感知信息云计算

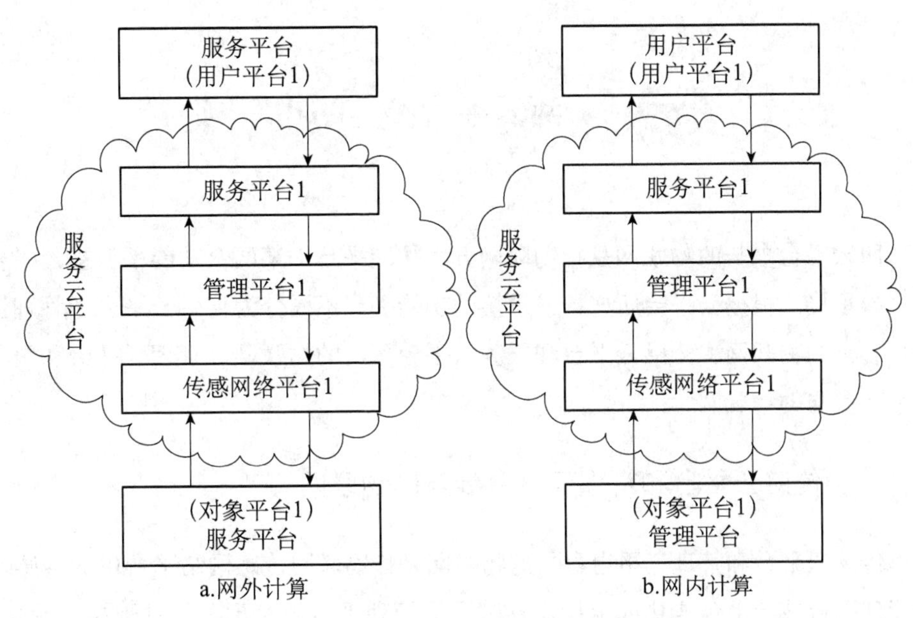


**图 3-15　服务云平台参与的物联网云计算方式**

的逆过程。

（2）网内计算。

如图 3-15b 所示，服务云平台承接于物联网的服务平台，接收到的是管理平台传输来的感知信息和用户平台传输来的控制信息。管理平台（对象平台 1）将感知信息传输给服务云平台，此时感知信息有两种处理方式：上传给主体物联网的用户平台或直接转化为控制信息传输给管理平台。这两种处理方式均是在主体物联网用户授权的条件下对对象进行控制：

①上传给主体物联网的用户平台（用户平台 1）。经服务云平台处理后的感知信息传输给主体物联网的用户平台（用户平台 1），由用户平台依据感知信息直接生成控制信息，传输给服务云平台，依次通过管理平台和传感网络平台，最终传输给主体物联网对象平台，实现对主体物联网对象的控制。

②直接转化为控制信息。在主体物联网用户授权的情况下，依据感知信息具体内容，由服务平台 1、管理平台 1、传感网络平台 1 中的某一功能平台直接生成控制信息传输给主体物联网管理平台（对象平台 1），通过传感网络管理平台最终将控制信息传输给主体物联网的对象平台，由主体物联网对象来执行控制信息，并以功能的形式表现出来。

# 第二节 两云平台参与的物联网

两云平台参与的物联网是指物联网五大功能平台中某两个功能平台被云平台连接或承接。根据云平台所连接或承接的功能平台不同分为传感云平台和管理云平台参与的物联网、传感云平台和服务云平台参与的物联网、管理云平台和服务云平台参与的物联网。

## 一、传感云平台和管理云平台参与的物联网

传感云平台和管理云平台参与的物联网是指物联网传感网络平台中的传感网络管理平台被云平台连接或承接，物联网的管理平台被管理云平台连接或承接。传感云平台和管理云平台的运营者可以相同，也可以不同，运营者可以是政府、电信运营商、网络业务运营商、设备运营商或网络运营商。用户根据自身需求寻找到对象后，只需要向传感云平台和管理云平台提供接口，便能享受到云计算服务。

在用户主导的传感云平台和管理云平台参与的物联网中，物联网信息的运行并非均要通过用户。在特定的应用情境下，用户可通过分级授权的方式，由其他功能平台代替用户对对象进行感知控制，满足自身主导性需求的同时提高物联网的运行效率。根据用户授权的平台不同，传感云平台和管理云平台参与的物联网形成的物联网控制闭环主要存在三种形式：管理云平台（管理平台）控制的物联网控制闭环、服务平台控制的物联网控制闭环、用户平台控制的物联网控制闭环。

1. 管理云平台（管理平台）控制的物联网控制闭环

根据具体业务需求，用户需要将特定的感知信息在管理云平台（管理平台）转换为相应的控制信息，实现对对象的感知控制，管理云平台（管理平台）与对象平台之间形成物联网控制闭环。管理云平台（管理平台）控制的物联网控制闭环见图 3-16。

对象平台感知信息系统依据用户需求获得感知信息后，传输给传感网络平台。

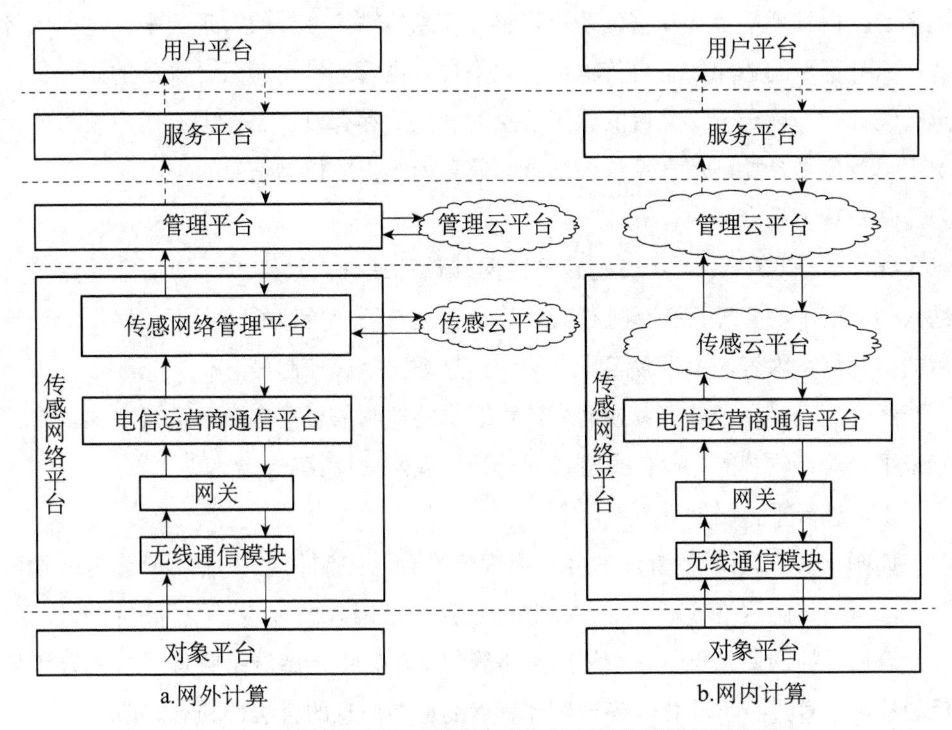


**图 3-16 管理云平台（管理平台）控制的物联网控制闭环**

传感网络平台接收到的感知信息依次经过无线通信模块、网关传输给电信运营商通信平台。此时物联网感知信息具有两种运行方式：

①传感云平台网外计算。

如图 3-16a 所示，电信运营商通信平台将感知信息传输给传感网络管理平台，由传感网络管理平台将信息传输给网外的传感云平台进行云计算。云计算后的感知信息再传输给传感网络管理平台，由传感网络管理平台对云计算后的感知信息进行物计算，确定云计算后感知信息的合法性和有效性。

②传感云平台网内计算。

如图 3-16b 所示，电信运营商通信平台将感知信息传输给已纳入物联网中的传感云平台进行云计算。

经传感云平台网外计算或网内计算的感知信息具有两种运行方式：由管理云平台进行网外计算或网内计算：

①管理云平台网外计算。

如图 3-16a 所示，经传感云平台网外计算或网内计算的感知信息传输给管理平台，由管理平台感知信息系统将感知信息传输给网外的管理云平台进行云计算。云计算后的感知信息再传输给管理平台，由管理平台对云计算后的感知信息进行物计算，确定云计算后的感知信息的合法性和有效性。在拥有用户授权的情况下，管理平台控制信息系统根据感知信息内容生成控制信息。

②管理云平台网内计算。

如图 3－16b 所示，经传感云平台网外计算或网内计算的感知信息传输给已纳入物联网中的管理云平台进行云计算。在拥有用户授权的情况下，根据云计算后的感知信息内容，由管理云平台控制信息系统生成控制信息。

经管理云平台网外计算或网内计算获得的控制信息具有两种运行方式：由传感云平台对接收到的控制信息进行网外计算或网内计算：

①传感云平台网外计算。

如图 3－16a 所示，管理平台或管理云平台将控制信息传输给传感网络管理平台，再由传感网络管理平台将控制信息传输给网外的传感云平台进行云计算。云计算后的控制信息再传输给传感网络管理平台，由传感网络管理平台对云计算后的控制信息进行物计算，确定云计算后的控制信息的合法性和有效性。

②传感云平台网内计算。

如图 3－16b 所示，管理平台或管理云平台将控制信息传输给传感网络管理平台中的传感云平台，由传感云平台对控制信息进行认证、解析、过滤等云计算。

经传感云平台网外计算或网内计算的控制信息依次经过电信运营商通信平台、网关、无线通信模块传输给对象平台。

在对象平台中，控制信息系统对控制信息进行验证、解析等物计算处理，完成控制信息的执行，并以功能的形式表现出来。

控制信息执行后的反馈信息传输给对象平台感知信息系统，管理平台（管理云平台）与对象平台形成物联网控制闭环，实现对象为用户提供的感知和控制服务。

### 2. 服务平台控制的物联网控制闭环

在引入传感云平台和管理云平台提供的云计算服务的条件下，用户授权服务平台代替用户对对象进行感知控制，满足用户的主导性需求。在此物联网信息运行方式中，服务平台与对象平台形成物联网控制闭环。服务平台控制的物联网控

制闭环见图 3－17。

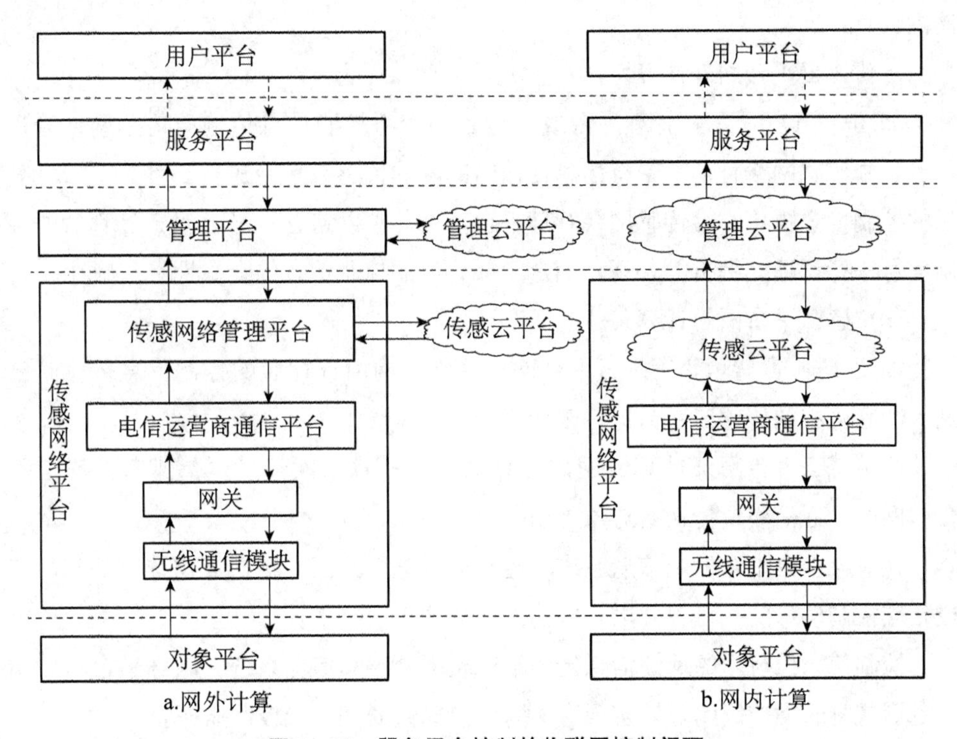


**图 3－17　服务平台控制的物联网控制闭环**

对象平台感知信息系统获得的感知信息依次通过传感网络平台的无线通信模块、网关传输给电信运营商通信平台，经过传感云平台网外计算或网内计算、管理云平台网外计算或网内计算后传输给服务平台进行物计算。服务平台控制信息系统在拥有用户授权的条件下生成相应的控制信息传输给管理平台或管理云平台。此时物联网控制信息具有两种运行方式：

①管理云平台网外计算。

如图 3－17a 所示，服务平台生成的控制信息传输给管理平台，由管理平台控制信息系统将控制信息传输给网外的管理云平台进行云计算。云计算后的控制信息再传输给管理平台，由管理平台对云计算后的控制信息进行认证、解析等处理，确定云计算后的控制信息的合法性和正确性。

②管理云平台网内计算。

如图 3－17b 所示，经服务平台物计算生成的控制信息传输给已纳入物联网中的管理云平台进行云计算。

经管理云平台网外计算或网内计算的控制信息由传感云平台进行网外计算或网内计算：

①传感云平台网外计算。

如图 3－17a 所示，管理平台或管理云平台将控制信息传输给传感网络管理平台，由传感网络管理平台将信息传输给网外的传感云平台进行云计算。云计算后的控制信息再传输给传感网络管理平台，由传感网络管理平台对云计算后的控制信息进行认证、解析等处理，确定云计算后的控制信息的合法性和正确性。

②传感云平台网内计算。

如图 3－17b 所示，管理云平台网外计算或网内计算后的控制信息传输给已纳入物联网中的传感云平台进行云计算。

经传感云平台网外计算或网内计算的控制信息依次经过电信运营商通信平台、网关、通信模块传输给对象平台。

在对象平台中，控制信息系统对控制信息进行验证、解析等物计算处理，完成相应控制信息的执行，并以相应功能的形式表现出来。

控制信息执行后的反馈信息传输给对象平台感知信息系统，服务平台与对象平台形成物联网控制闭环，实现对象为用户提供的感知和控制服务。

3. 用户平台控制的物联网控制闭环

物联网感知信息到达用户平台后，由用户根据自身实际需求生成控制信息，形成由用户直接对对象进行感知控制的物联网控制闭环。用户平台控制的物联网控制闭环见图 3－18。

对象平台感知信息系统获得的感知信息依次经过传感网络平台的无线通信模块、网关传输给电信运营商通信平台，经过传感云平台网外计算或网内计算、管理云平台网外计算或网内计算、服务平台物计算后传输给用户平台，由用户对感知信息进行分析和判断，做出决策，生成用户控制信息传输给服务平台。

服务平台的控制信息系统对控制信息进行物计算，然后将控制信息传输给管理平台或管理云平台。

控制信息经过管理云平台网外计算或网内计算后传输给传感网络平台。

控制信息在传感网络平台中依次经过传感云平台网外计算或网内计算、电信运营商通信平台物计算、网关物计算、无线通信模块物计算后传输给对象平台。

对象平台控制信息系统对控制信息进行验证、解析等物计算处理，完成相应

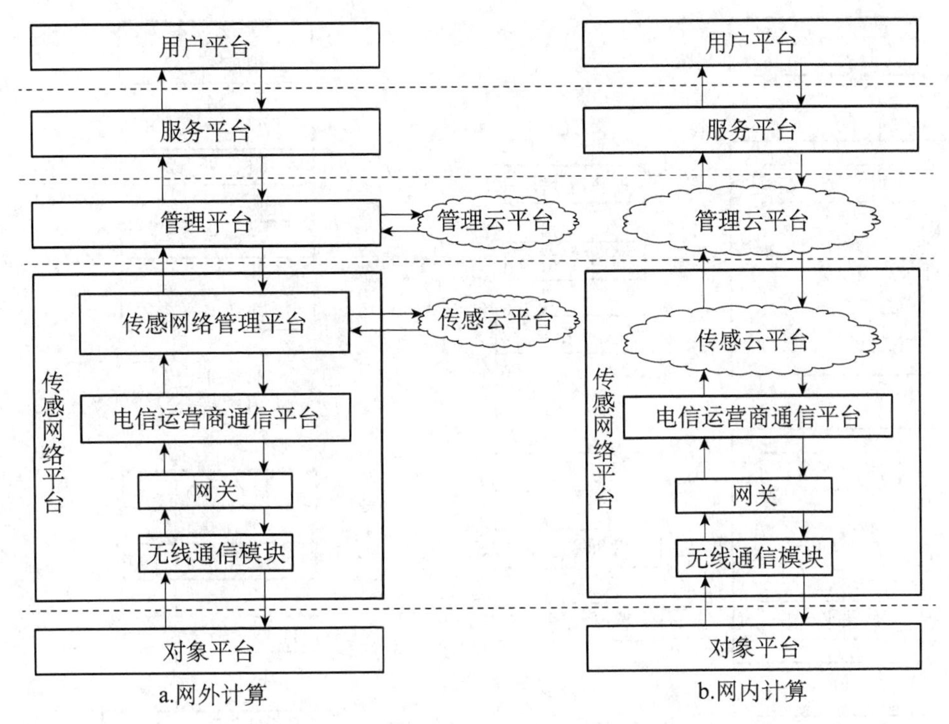


**图 3-18　用户平台控制的物联网控制闭环**

控制信息的执行，并以相应功能的形式表现出来。

控制信息的执行结果反馈给对象平台感知信息系统，用户平台与对象平台形成物联网控制闭环，实现对象为用户提供的感知和控制服务。

4. 传感云平台和管理云平台结构

传感云平台和管理云平台均是物联网用户授权外部云平台服务机构（包括网络业务运营商、电信运营商、政府、网络运营商、设备运营商）通过云服务形式提供额外信息计算资源的功能平台。传感云平台和管理云平台是在双方的协议下，由外部云平台服务机构管理和控制，对物联网中的感知信息和控制信息进行计算和传输。物联网用户不需要关注云平台的基础设施构成，不需要清楚信息在其中的处理过程，只需要向云平台中输入需求，便能获得相应的服务。传感云平台和管理云平台的运营商可以相同也可以不同。传感云平台和管理云平台的连接结构见图 3-19。

传感云平台由服务平台 1、管理平台 1、传感网络平台 1 组成，管理云平台由服务平台 2、管理平台 2、传感网络平台 2 组成。基于传感云平台和管理云平

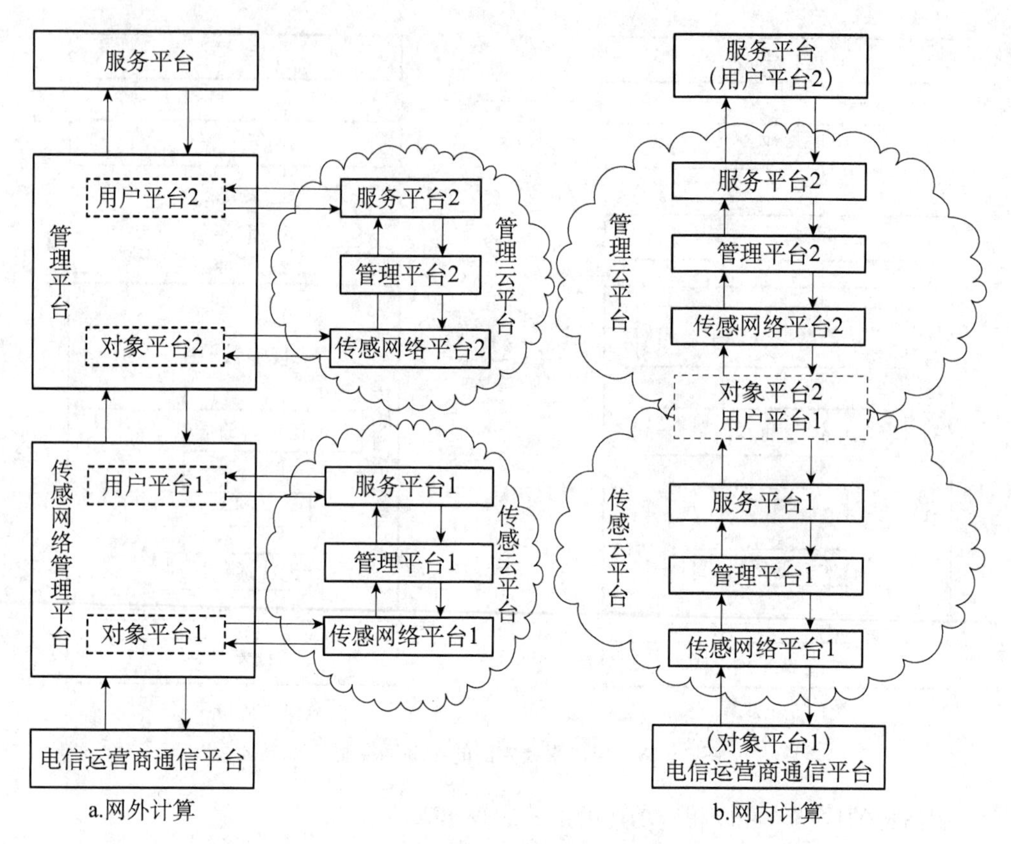


**图 3－19　传感云平台和管理云平台连接结构**

台是否纳入物联网中，传感云平台和管理云平台对物联网信息的云计算分为网外计算和网内计算两种：

(1) 网外计算。

如图 3－19a 所示，传感云平台和管理云平台在物联网之外为用户提供云计算服务。

传感云平台接收到的物联网感知信息由传感网络管理平台提供，其用户和对象均为主体物联网的传感网络管理平台。电信运营商通信平台将感知信息传输给传感网络管理平台，由传感网络管理平台作为对象平台 1 将感知信息传输给传感云平台，依次经过传感网络平台 1、管理平台 1、服务平台 1 云计算后，再传输给作为用户平台 1 的传感网络管理平台，实现传感云平台对主体物联网感知信息的云计算。

管理云平台接收到的物联网感知信息由管理平台提供，其用户和对象为主体

物联网的管理平台。传感网络平台将感知信息传输给管理平台，由管理平台作为对象平台 2 将感知信息传输给管理云平台，依次经过传感网络平台 2、管理平台 2、服务平台 2 云计算后，再传输给作为用户平台 2 的管理平台，实现管理云平台对主体物联网感知信息的云计算。

传感云平台和管理云平台对主体物联网控制信息的云计算是感知信息云计算的逆过程。

(2) 网内计算。

如图 3-19b 所示，传感云平台和管理云平台分别承接主体物联网的传感网络管理平台和管理平台。传感云平台对象平台 1 为主体物联网（传感云平台和管理云平台参与的物联网）传感网络平台的电信运营商通信平台，用户平台 1 为主体物联网的管理云平台。管理云平台对象平台 2 为主体物联网的传感云平台，用户平台 2 为主体物联网的服务平台。

电信运营商通信平台作为传感云平台的对象平台 1，其感知信息为主体物联网的感知信息。主体物联网感知信息到达电信运营商通信平台后，传输给传感云平台中的传感网络平台 1，再依次经过管理平台 1 和服务平台 1 传输给用户平台 1。感知信息在到达用户平台 1 后，用户平台 1 作为管理云平台的对象平台 2 将感知信息传输给管理云平台。在到达管理云平台后，根据具体的感知信息内容和用户授权情况，对感知信息具有两种处理方式：

①上传给主体物联网的服务平台（用户平台 2）。经传感云平台和管理云平台处理后的感知信息传输给主体物联网的服务平台，在主体物联用户授权的条件下由服务平台、用户平台中的某一功能平台直接根据感知信息生成控制信息，传输给用户平台 2，依次通过服务平台 2、管理平台 2、传感网络平台 2、对象平台 2（用户平台 1）、服务平台 1、管理平台 1、传感网络平台 1，传输给电信运营商通信平台（对象平台 1），最终传输给主体物联网的对象平台，实现对主体物联网对象的控制。

②直接生成主体物联网的控制信息。在主体物联网用户授权的情况下，根据感知信息具体内容，由服务平台 2、管理平台 2、传感网络平台 2 中的任一功能平台生成控制信息，依次通过对象平台 2（用户平台 1）、服务平台 1、管理平台 1、传感网络平台 1，传输给电信运营商通信平台（对象平台 1），最终传输给主体物联网的对象平台，由主体物联网对象来执行控制，并以功能的形

式表现出来。

## 二、传感云平台和服务云平台参与的物联网

传感云平台和服务云平台参与的物联网是指物联网传感网络平台中的传感网络管理平台被云平台连接或承接，物联网的服务平台被服务云平台连接或承接。传感云平台和服务云平台的运营者可以相同，也可以不同，运营者可以为政府、电信运营商、网络业务运营商、设备运营商以及网络运营商。用户根据自身需求寻找到对象后，只需要向传感云平台和服务云平台提供接口，建设、运营和维护部分传感网络平台和管理平台便能享受到物联网服务，满足用户的主导性需求。

在用户主导的传感云平台和服务云平台参与的物联网中，用户可通过分级授权的方式，由其他功能平台代替用户对对象进行感知控制。根据用户授权的功能平台不同，传感云平台和服务云平台参与的物联网形成的物联网控制闭环主要存在两种形式：服务云平台（服务平台）控制的物联网控制闭环、用户平台控制的物联网控制闭环。

### 1. 服务云平台（服务平台）控制的物联网控制闭环

用户根据自身的主导性需求，授权服务云平台代替用户对对象进行感知控制。在此物联网信息运行方式中，服务云平台（服务平台）与对象平台之间的交互关系形成物联网控制闭环。服务云平台（服务平台）控制的物联网控制闭环见图 3-20。

对象平台感知信息系统获得的感知信息依次通过传感网络平台的无线通信模块、网关传输给电信运营商通信平台。此时物联网的感知信息具有两种运行方式：

①传感云平台网外计算。

如图 3-20a 所示，电信运营商通信平台将感知信息传输给传感网络管理平台，然后由传感网络管理平台传输给网外的传感云平台进行云计算。云计算后的感知信息再传输给传感网络管理平台，由传感网络管理平台对云计算后的感知信息进行物计算，确定云计算后的感知信息的合法性和有效性。

②传感云平台网内计算。

如图 3-20b 所示，电信运营商通信平台将感知信息传输给已纳入物联网的传感云平台进行认证、解析、过滤等云计算处理。

经传感云平台网外计算或网内计算的感知信息传输给管理平台进行物计算，

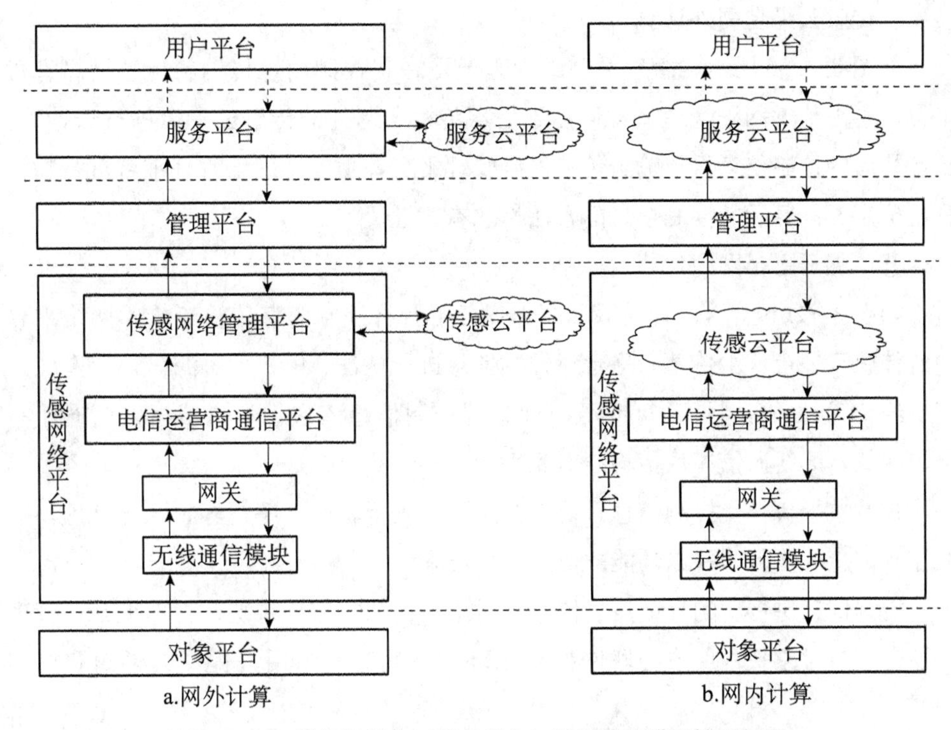


**图 3－20　服务云平台（服务平台）控制的物联网控制闭环**

再由管理平台将感知信息传输给服务云平台或服务平台。此时物联网感知信息具有两种运行方式：

①服务云平台网外计算。

如图 3－20a 所示，经管理平台物计算的感知信息传输给服务平台，由服务平台将感知信息传输给网外的服务云平台进行云计算。云计算后的感知信息再传输给服务平台，由服务平台对云计算后的感知信息进行物计算，确定服务云平台云计算后的感知信息的合法性和有效性。在拥有用户授权的情况下，服务平台控制信息系统根据感知信息内容生成控制信息。

②服务云平台网内计算。

如图 3－20b 所示，经管理平台物计算的感知信息传输给已纳入物联网中的服务云平台进行云计算。在拥有用户授权的情况下，服务云平台根据感知信息内容生成控制信息。

经服务云平台网外计算或网内计算获得的控制信息传输给管理平台进行物计算，然后传输给传感网络平台。此时控制信息具有两种运行方式：

①传感云平台网外计算。

如图 3 - 20a 所示，管理平台或管理云平台将控制信息传输给传感网络管理平台，再由传感网络管理平台将控制信息传输给网外的传感云平台进行云计算。云计算后的控制信息再传输给传感网络管理平台，由传感网络管理平台进行物计算，确定云计算后的控制信息的合法性和有效性。

②传感云平台网内计算。

如图 3 - 20b 所示，管理平台或管理云平台将控制信息传输给传感网络平台中的传感云平台，由传感云平台对控制信息进行认证、解析、过滤等云计算。

经传感云平台网外计算或网内计算的控制信息依次经过电信运营商通信平台、网关、无线通信模块传输给对象平台。

在对象平台中，控制信息系统对控制信息进行验证、解析等物计算处理，完成控制信息的执行，并以功能的形式表现出来。

控制信息执行后的反馈信息传输给对象平台感知信息系统，管理平台（管理云平台）与对象平台形成物联网控制闭环，实现对象为用户提供的感知和控制服务。

2. 用户平台控制的物联网控制闭环

用户是物联网运行的主导者，可直接对对象进行感知和控制，形成由用户直接进行感知和控制的物联网控制闭环。用户平台控制的物联网控制闭环见图 3 - 21。

对象平台感知信息系统获得的感知信息依次通过传感网络平台的无线通信模块、网关传、电信运营商通信平台传输给传感云平台或传感网络管理平台。

控制信息在经过传感云平台网外计算或网内计算后传输给管理平台。

管理平台对接收到的感知信息进行物计算，物计算后的物联网感知信息传输给服务云平台或服务平台，由服务云平台对感知信息进行网外计算或网内计算，然后传输给用户。

用户对感知信息进行分析和判断，做出决策，生成用户控制信息下发给服务云平台或服务平台。此时控制信息具有两种运行方式：

①服务云平台网外计算。

如图 3 - 21a 所示，控制信息由服务平台感知信息系统传输给网外的服务云平台进行云计算。云计算后的控制信息再传输给服务平台，由服务平台对云计算

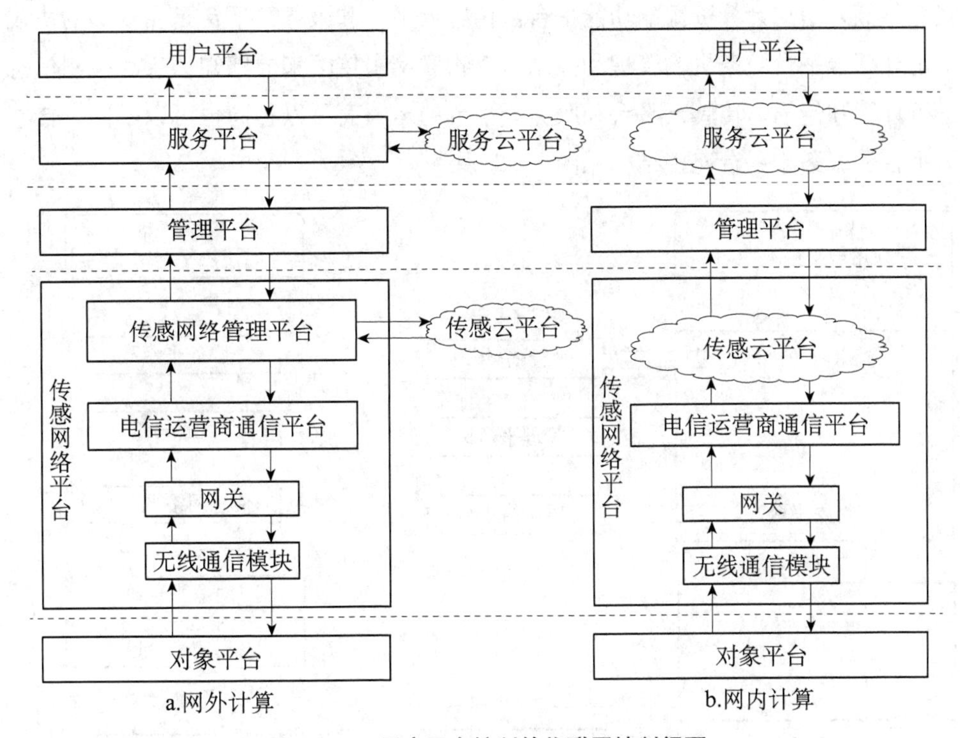


**图 3-21　用户平台控制的物联网控制闭环**

后的控制信息进行物计算，确定控制信息的合法性和有效性。

②服务云平台网内计算。

如图 3-21b 所示，用户平台传输来的控制信息传输给已纳入物联网中的服务云平台进行云计算。

经服务云平台网外计算或网内计算的控制信息传输给传感网络平台。

控制信息经传感云平台网外计算或网内计算后，依次经过电信运营商通信平台、网关、无线通信模块传输给对象平台。

在对象平台中，控制信息系统对控制信息进行验证、解析等物计算处理，完成相应控制信息的执行，并以相应功能的形式表现出来。

控制信息的执行结果反馈给对象平台感知信息系统，用户平台与对象平台形成物联网控制闭环，实现对象为用户提供的感知和控制服务。

3. 传感云平台和服务云平台结构

传感云平台和服务云平台均是物联网用户授权外部云平台服务机构（包括政府、电信运营商、网络业务运营商、设备运营商、网络运营商）通过其云服务形式提供额外信息计算资源的功能平台。传感云平台和服务云平台是在双方的协议下由外部云平台服务机构管理和控制，对物联网中传输来的感知信息和控制信息进行计算和传输。传感云平台和服务云平台的运营商可以相同也可以不同。传感云平台和服务云平台连接结构见图 3－22。

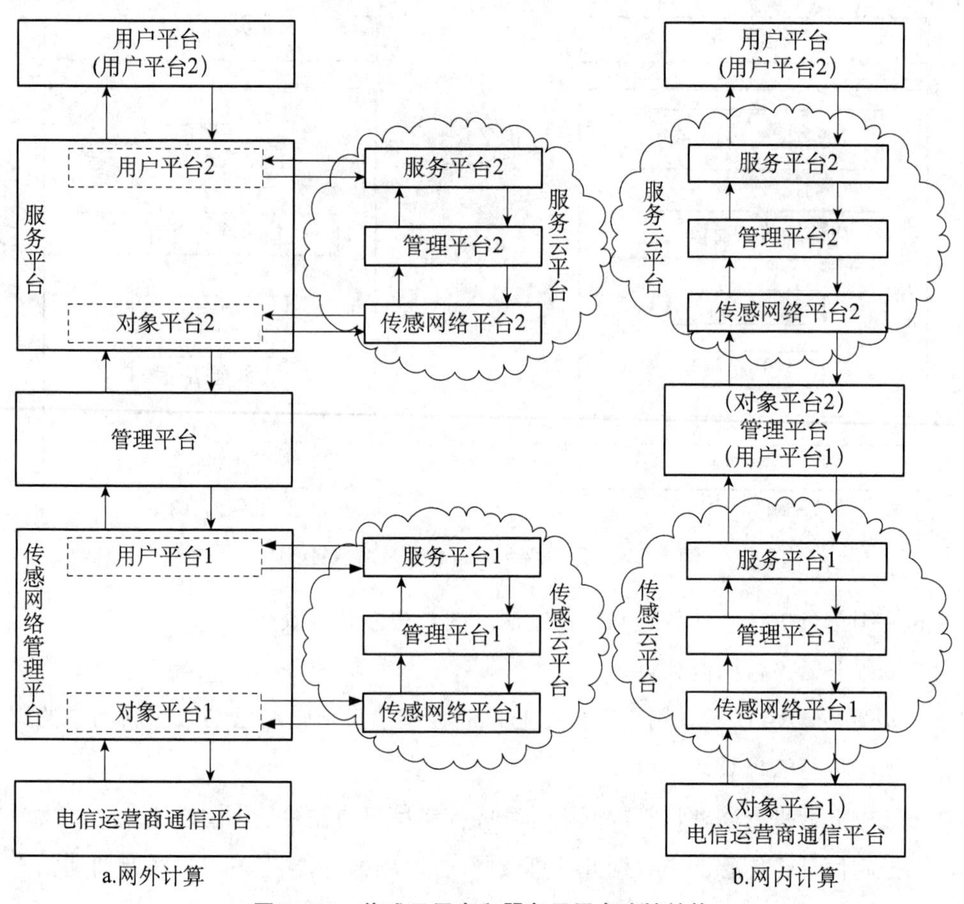


**图 3－22　传感云平台和服务云平台连接结构**

传感云平台由服务平台 1、管理平台 1、传感网络平台 1 组成，服务云平台由服务平台 2、管理平台 2、传感网络平台 2 组成。基于传感云平台和服务云平台是否纳入物联网中，传感云平台和服务云平台对物联网信息的云计算分为网外计算和网内计算两种。

（1）网外计算。

如图 3－22a 所示，传感云平台和服务云平台在物联网之外为用户提供云计算服务。

传感云平台接收到的物联网感知信息由传感网络平台的传感网络管理平台提供，其用户和对象均为主体物联网的传感网络管理平台。电信运营商通信平台将感知信息传输给传感网络管理平台，由传感网络管理平台作为对象平台 1 将感知信息传输给传感云平台，依次经过传感网络平台 1、管理平台 1、服务平台 1 云计算后，再传输给作为用户平台 1 的传感网络管理平台，实现传感云平台对主体物联网感知信息的云计算。经传感云平台云计算的感知信息传输给主体物联网的管理平台进行物计算，然后传输给服务平台。

服务云平台接收到的物联网感知信息由主体物联网服务平台提供，其用户和对象为主体物联网的服务平台。管理平台将感知信息传输给服务平台，由服务平台作为对象平台 2 将感知信息传输给服务云平台，依次经过传感网络平台 2、管理平台 2、服务平台 2 云计算后，再传输给作为用户平台 2 的服务平台，实现服务云平台对主体物联网感知信息的云计算。

传感云平台和服务云平台对主体物联网控制信息的云计算是感知信息云计算的逆过程。

(2) 网内计算。

如图 3-22b 所示，传感云平台和服务云平台被纳入主体物联网中，分别承接主体物联网的传感网络管理平台和服务平台。

对象平台 1 为主体物联网（传感云平台和服务云平台参与的物联网）传感网络平台的电信运营商通信平台，用户平台 1 为主体物联网的管理平台。对象平台 2 为主体物联网的管理平台，用户平台 2 为主体物联网的用户平台。

主体物联网感知信息到达电信运营商通信平台后，传输给传感云平台中的传感网络平台 1，再依次经过管理平台 1 和服务平台 1 传输给管理平台（用户平台 1）。在对感知信息进行计算处理后，管理平台作为对象平台 2 将感知信息传输给服务云平台。根据具体的感知信息内容和用户授权情况，此时感知信息有两种处理方式：

①上传给主体物联网的用户平台（用户平台 2）。经传感云平台和服务云平台处理后的感知信息传输给主体物联网的用户平台，由用户平台根据感知信息生成相应的控制信息传输给服务平台 2，依次通过管理平台 2、传感网络平台 2、（对象平台 2）管理平台（用户平台 1）、服务平台 1、管理平台 1、传感网络平台 1、电信运营商通信平台（对象平台 1），最终传输给主体物联网对象平台，实现

对主体物联网对象的控制。

②直接生成主体物联网的控制信息。在主体物联网用户授权的情况下，根据感知信息具体内容，由服务平台 2、管理平台 2、传感网络平台 2 中的任一功能平台直接生成主体物联网的控制信息，依次通过（对象平台 2）管理平台（用户平台 1）、服务平台 1、管理平台 1、传感网络平台 1、电信运营商通信平台（对象平台 1），最终传输给主体物联网的对象平台，由主体物联网对象来执行控制信息，并以功能的形式表现出来。

## 三、管理云平台和服务云平台参与的物联网

管理云平台和服务云平台参与的物联网是指物联网的管理平台被管理云平台连接或承接，物联网的服务平台被服务云平台连接或承接。管理云平台和服务云平台的运营者可以相同也可以不同，运营者可以为政府、电信运营商、网络业务运营商、设备运营商以及网络运营商。

管理云平台和服务云平台参与的物联网由用户主导，可通过分级授权的方式，由其他功能平台代替用户对对象进行感知控制，提高物联网的运行效率。用户的需求不同，则授权的功能平台不同。管理云平台和服务云平台参与的物联网形成的物联网控制闭环主要存在两种形式：服务云平台（服务平台）控制的物联网控制闭环、用户平台控制的物联网控制闭环。

### 1. 服务云平台（服务平台）控制的物联网控制闭环

感知信息在经过传感云平台和服务云平台提供的云计算服务后，用户授权服务云平台（服务平台）代替其对对象进行感知控制。在此种物联网运行方式中，服务云平台（服务平台）与对象平台之间形成物联网控制闭环，服务云平台（服务平台）控制的物联网控制闭环见图 3－23。

对象平台中的感知信息系统在获得感知信息后，将其传输给传感网络平台的感知信息系统，依次经过无线通信模块、网关、电信运营商通信平台传输给传感网络管理平台，完成传感网络平台对感知信息的物计算。传感网络平台物计算后的感知信息具有两种运行方式：

①管理云平台网外计算。

如图 3－23a 所示，经传感网络平台物计算的感知信息传输给管理平台，由管理平台感知信息系统将感知信息传输给网外的管理云平台进行云计算。云计算

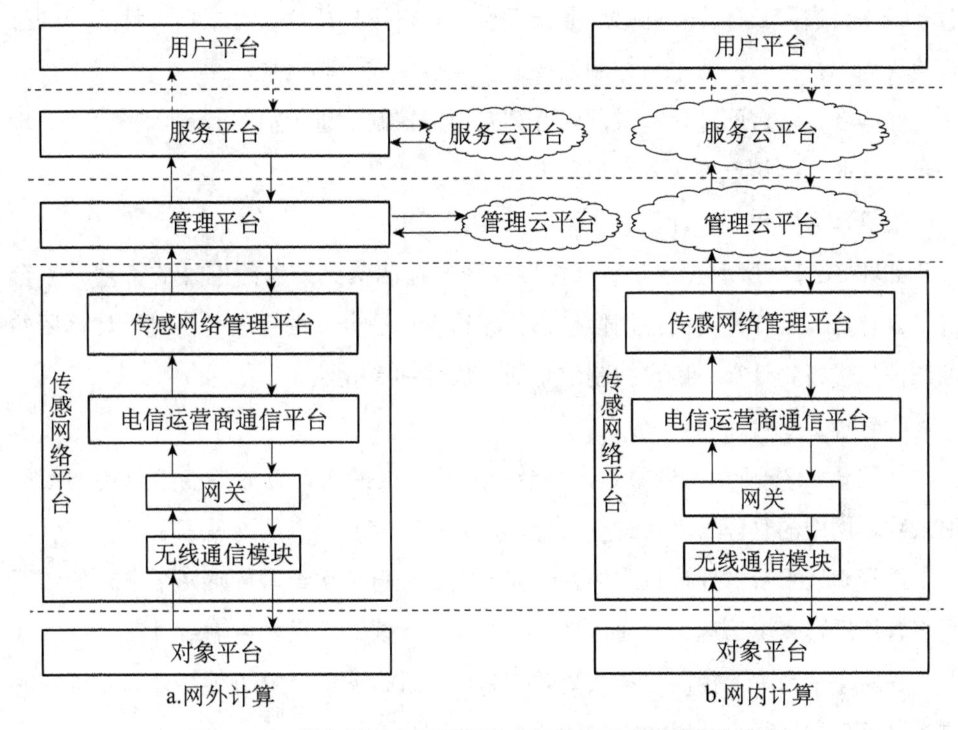


**图 3－23　服务云平台（服务平台）控制的物联网控制闭环**

后的感知信息再传输给管理平台，由管理平台对云计算后的感知信息进行物计算，确定感知信息的合法性和有效性。

②管理云平台网内计算。

如图 3－23b 所示，经传感网络平台物计算后的感知信息传输给已纳入物联网中的管理云平台进行云计算。

经管理云平台网外计算或网内计算的感知信息有两种运行方式：

①服务云平台网外计算。

如图 3－23a 所示，管理云平台网外计算或网内计算的感知信息传输给服务平台，由服务平台感知信息系统将感知信息传输给网外的服务云平台进行云计算。云计算后的感知信息再传输给服务平台，由服务平台对云计算后的感知信息进行认证、解析等处理，确定服务云平台云计算后的感知信息的合法性和正确性。在用户授权的条件下，服务平台控制信息系统根据感知信息内容生成控制信息。

②服务云平台网内计算。

如图 3－23b 所示，经管理平台物计算的感知信息传输给已纳入物联网中的服务云平台进行云计算。此时服务云平台已获得用户授权，可根据云计算后的感知信息内容，由服务云平台控制信息系统直接生成控制信息。

经服务云平台网外计算或网内计算获得的控制信息传输给管理云平台或管理平台。此时控制信息具有两种运行方式：

①管理云平台网外计算。

如图 3－23a 所示，管理平台将接收到的控制信息传输给网外的管理云平台进行云计算。云计算后的控制信息再传输给管理平台，由管理平台对云计算后的控制信息进行物计算，确定控制信息的合法性和有效性。

②管理云平台网内计算。

如图 3－23b 所示，经服务云平台网外计算或网内计算的控制信息传输给已纳入物联网中的管理云平台进行云计算，完成对控制信息的处理。

经管理云平台网外计算或网内计算的控制信息依次经过传感网络平台的传感网络管理平台、电信运营商通信平台、网关、无线通信模块传输给对象平台。

在对象平台中，控制信息系统对控制信息进行验证、解析等物计算处理，完成控制信息的执行，并以相应功能的形式表现出来。

控制信息执行后的反馈信息传输给对象平台感知信息系统，服务平台（服务云平台）与对象平台形成物联网控制闭环，实现对象为用户提供的感知和控制服务。

2. 用户平台控制的物联网控制闭环

用户是物联网运行的主导者，控制信息的生成和执行是用户意志的体现。用户根据自身实际需求直接对对象进行感知和控制，形成了由用户直接参与的物联网闭环控制。用户平台控制的物联网控制闭环见图 3－24。

对象平台感知信息系统获得的感知信息传输给传感网络平台，依次经过无线通信模块、网关、电信运营商通信平台、传感网络管理平台，完成传感网络平台对感知信息的物计算。

经过传感网络平台物计算处理后的感知信息再依次经过管理云平台网外计算或网内计算、服务云平台网外计算或网内计算后传输给用户平台。

用户平台对感知信息进行分析和判断，做出决策，生成用户控制信息，传输给服务云平台或服务平台。此时控制信息具有两种运行方式：

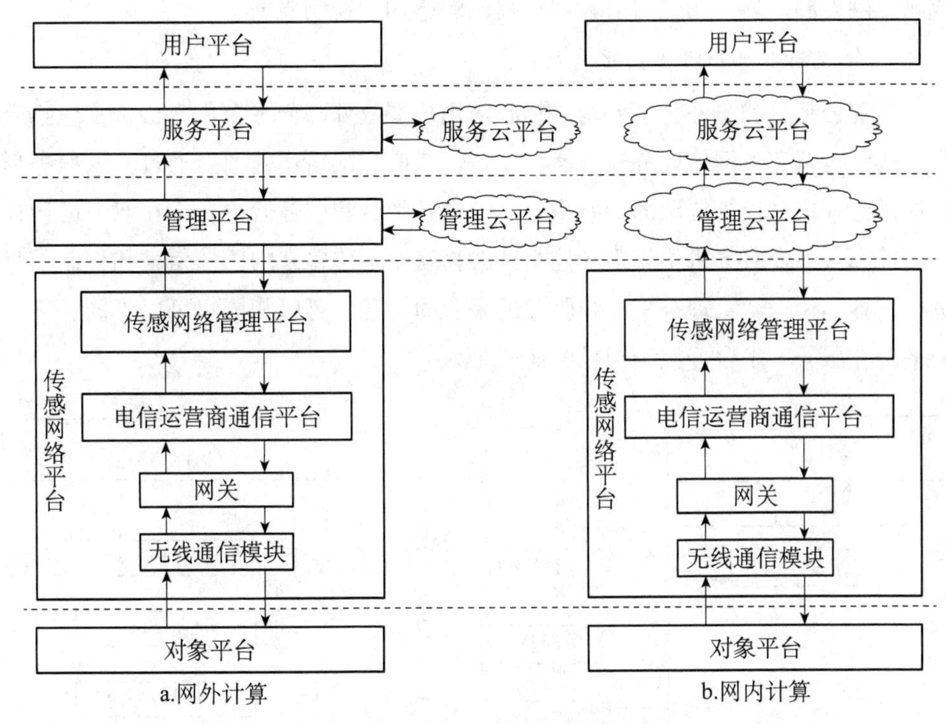


**图 3-24　用户平台控制的物联网控制闭环**

①服务云平台网外计算。

如图 3-24a 所示，服务平台感知信息系统将控制信息传输给网外的服务云平台进行云计算。云计算后的控制信息再传输给服务平台，由服务平台进行物计算，确定服务云平台云计算后的控制信息的合法性和有效性。

②服务云平台网内计算。

如图 3-24b 所示，控制信息传输给已纳入物联网中的服务云平台进行云计算，完成对控制信息的处理。

经过服务云平台的网外计算或网内计算的控制信息传输给管理云平台或管理平台，由管理云平台对控制信息进行网外计算或网内计算，再依次经过传感网络管理平台、电信运营商通信平台、网关、无线通信模块完成对控制信息的物计算，最后传输给对象平台。

在对象平台中，控制信息系统对控制信息进行验证、解析等物计算处理，完成对控制信息的执行，并以相应功能的形式表现出来。

控制信息的执行结果反馈给对象平台感知信息系统，用户平台与对象平台形成物联网控制闭环，实现对象为用户提供的感知和控制服务。

3. 管理云平台和服务云平台结构

管理云平台和服务云平台均是物联网用户授权外部云平台服务机构（包括政府、电信运营商、网络业务运营商、设备运营商、网络运营商）通过其云服务形式提供额外信息计算资源的功能平台。管理云平台和服务云平台是在双方的协议下由外部云平台服务机构管理和控制，对物联网中传输来的感知信息和控制信息进行计算和传输。管理云平台和服务云平台的运营者可以相同也可以不同。管理云平台和服务云平台连接结构见图 3－25。

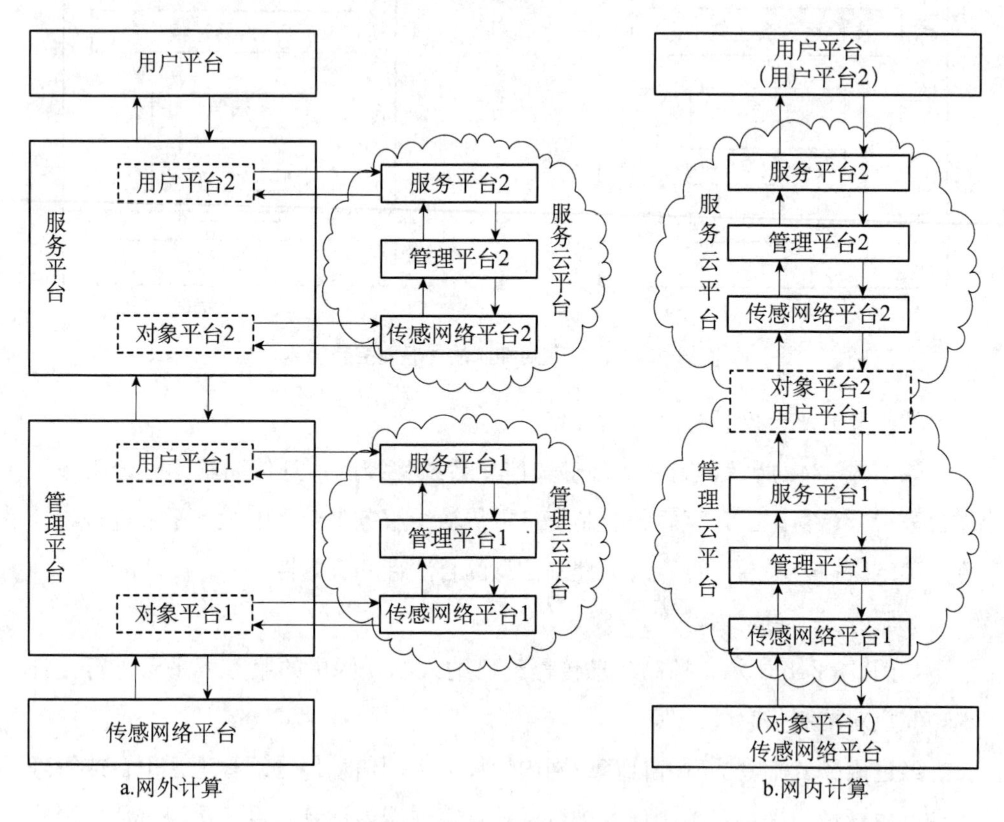


**图 3－25　管理云平台和服务云平台的连接结构**

管理云平台由服务平台 1、管理平台 1、传感网络平台 1 组成，服务云平台由服务平台 2、管理平台 2、传感网络平台 2 组成。基于管理云平台和服务云平台是否纳入物联网中，管理云平台和服务云平台对物联网信息的云计算分为网外计算和网内计算两种。

（1）网外计算。

如图 3-25a 所示，管理云平台和服务云平台在物联网之外为用户提供云计算服务。

管理云平台接收到的物联网感知信息由管理平台提供，其用户和对象均为主体物联网的管理平台。传感网络平台将感知信息传输给管理平台，由管理平台作为对象平台 1 将感知信息传输给管理云平台，依次经过传感网络平台 1、管理平台 1、服务平台 1 云计算后，再传输给作为用户平台 1 的管理平台，实现管理云平台对主体物联网感知信息的云计算。

服务云平台接收到的物联网感知信息由服务平台提供，其用户和对象为主体物联网的服务平台。管理平台将感知信息传输给服务平台，由服务平台作为对象平台 2 将感知信息传输给服务云平台，依次经过传感网络平台 2、管理平台 2、服务平台 2 云计算后，再传输给作为用户平台 2 的服务平台，实现服务云平台对主体物联网感知信息的云计算。

管理云平台和服务云平台对主体物联网控制信息的云计算是感知信息云计算的逆过程。

（2）网内计算。

如图 3-25b 所示，管理云平台和服务云平台分别承接主体物联网的管理平台和服务平台。对象平台 1 为主体物联网（管理云平台和服务云平台参与的物联网）的传感网络平台，用户平台 1 为服务云平台。服务云平台对象平台 2 为管理云平台，用户平台 2 为主体物联网的用户平台。

主体物联网的传感网络平台作为管理云平台的对象平台 1 将感知信息传输给管理云平台，依次经过传感网络平台 1、管理平台 1 和服务平台 1 传输给用户平台 1。用户平台 1 作为服务云平台的对象平台 2 将感知信息传输给服务云平台。根据具体的感知信息内容和用户授权情况，感知信息具有两种运行方式：

①上传给主体物联网的用户平台（用户平台 2）。经管理云平台和服务云平台处理后的感知信息传输给主体物联网的用户平台，由用户根据感知信息生成相应的控制信息传输给服务云平台，并依次经过管理云平台和传感网络平台传输给主体物联网的对象平台，实现对主体物联网对象的控制。

②直接生成控制信息。在主体物联网用户授权的情况下，根据感知信息具体内容，由服务平台 2、管理平台 2、传感网络平台 2 中的任一功能平台直接生成

控制信息，依次通过对象平台 2（用户平台 1）、服务平台 1、管理平台 1、传感网络平台 1，传输给传感网络平台（对象平台 1），最终传输给主体物联网的对象平台，由主体物联网对象来执行控制信息，并以功能的形式表现出来。

## 第三节　三云平台参与的物联网

三云平台参与的物联网是指物联网的传感网络管理平台（传感网络平台的一部分）、管理平台及服务平台分别被传感云平台、管理云平台和服务云平台连接或承接，形成三云平台参与的物联网。

在三云平台参与的物联网中，传感云平台、管理云平台以及服务云平台的运营者可以相同也可以不同，运营者均可以为政府、电信运营商、网络业务运营商、设备运营商以及网络运营商。在用户主导的三云平台参与的物联网中，用户可通过分级授权的方式，授权其他功能平台代替用户对对象进行感知控制，提高物联网的运行效率。根据用户授权的平台不同进行分类，三云平台参与的物联网形成的物联网控制闭环主要存在两种形式：服务云平台（服务平台）控制的物联网控制闭环、用户平台控制的物联网控制闭环。

### 一、服务云平台控制的物联网控制闭环

感知信息在经过传感云平台、管理云平台和服务云平台提供的云计算服务后，用户根据自身的实际需求，授权服务云平台代替其对对象进行感知控制。在此种物联网运行方式中，服务云平台与对象平台之间形成物联网控制闭环，服务云平台控制的物联网控制闭环见图 3-26。

对象平台感知信息系统获得的感知信息依次通过传感网络平台的无线通信模块、网关传输给电信运营商通信平台，此时物联网感知信息具有两种运行方式：

①传感云平台网外计算。

如图 3-26a 所示，电信运营商通信平台将感知信息传输给传感网络管理平台，由传感网络管理平台将信息传输给网外的传感云平台进行云计算。云计算后的感知信息再传输给传感网络管理平台，由传感网络管理平台对云计算后的感知

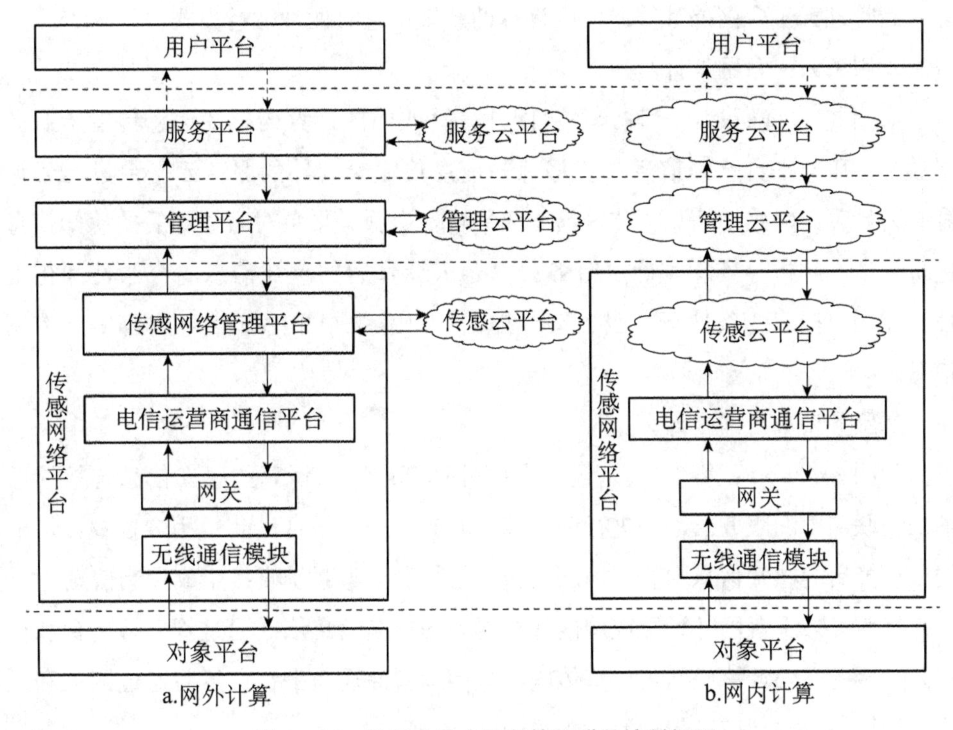


**图 3－26　服务云平台控制的物联网控制闭环**

信息进行认证、解析等处理，确定云计算后的感知信息的合法性和正确性。

②传感云平台网内计算。

如图 3－26b 所示，电信运营商通信平台将感知信息传输给已纳入物联网中的传感云平台进行云计算，包括认证、解析、过滤等。

经传感云平台网外计算或网内计算的感知信息由管理云平台进行网外计算或网内计算：

①管理云平台网外计算。

如图 3－26a 所示，经传感云平台网外计算或网内计算的感知信息传输给管理平台，由管理平台感知信息系统将感知信息传输给网外的管理云平台进行云计算。云计算后的感知信息再传输给管理平台，由管理平台对云计算后的感知信息进行认证、解析等处理，确定云计算后的感知信息的合法性和正确性。

②管理云平台网内计算。

如图 3－26b 所示，经传感云平台网外计算或网内计算的感知信息传输给已纳入物联网中的管理云平台进行云计算。

经管理云平台网外计算或网内计算的感知信息有两种运行方式：

①服务云平台网外计算。

如图 3-26a 所示，管理云平台网外计算或网内计算的感知信息传输给服务平台，由服务平台感知信息系统将感知信息传输给网外的服务云平台进行云计算。云计算后的感知信息再传输给服务平台，由服务平台对云计算后的感知信息进行认证、解析等处理，确定服务云平台云计算后的感知信息的合法性和正确性。在用户授权的条件下，服务平台控制信息系统根据感知信息内容生成控制信息。

②服务云平台网内计算。

如图 3-26b 所示，经管理云平台网外计算或网内计算的感知信息传输给已纳入物联网中的服务云平台进行云计算。此时服务云平台已获得用户授权，可根据云计算后的感知信息内容，由服务云平台控制信息系统直接生成控制信息。

经服务云平台网外计算或网内计算得到的控制信息依次通过管理云平台和传感云平台的网外计算或网内计算传输给电信运营商通信平台，然后通过网关和无线通信模块将控制信息传输给对象平台。

在对象平台中，控制信息系统对控制信息进行验证、解析等物计算处理，完成对控制信息的执行，并以相应功能的形式表现出来。

控制信息的执行结果反馈给对象平台感知信息系统，服务云平台（服务平台）与对象平台形成物联网控制闭环，实现对象为用户提供的感知和控制服务。

## 二、用户平台控制的物联网控制闭环

当物联网信息到达用户平台，由用户生成控制信息对对象进行控制时，形成了由用户平台控制的物联网闭环控制。用户平台控制的物联网控制闭环见图 3-27。

对象平台感知信息系统获得的感知信息依次通过传感网络平台的无线通信模块、网关传输给电信运营商通信平台，由传感云平台完成感知信息的网外计算或网内计算。

经传感云平台网外计算或网内计算的感知信息再依次经过管理云平台和服务云平台的网外计算或网内计算后，传输给用户平台。

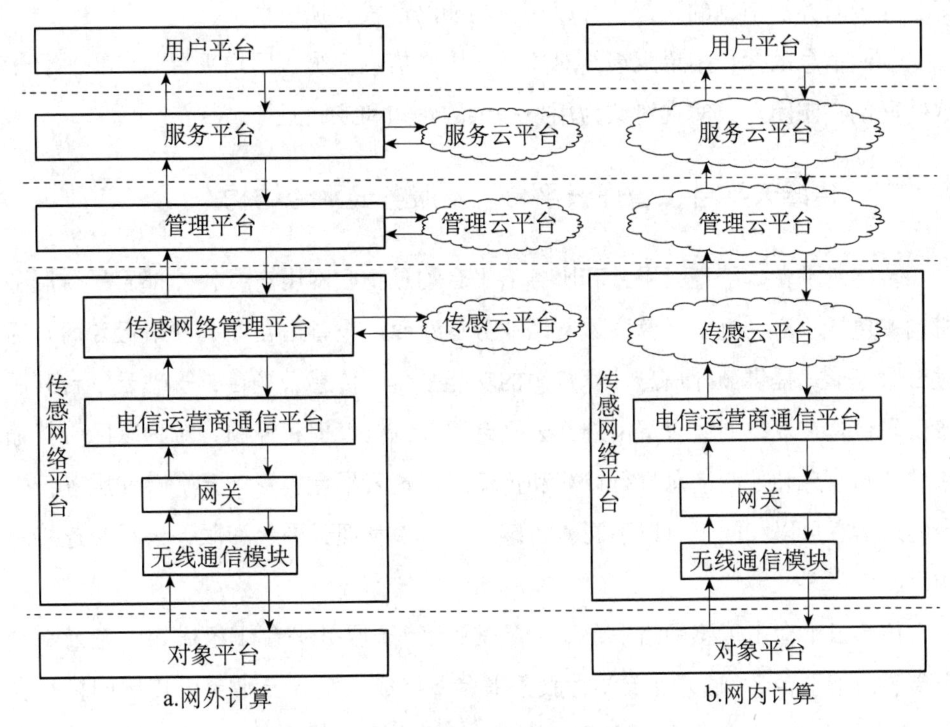


**图 3－27　用户平台控制的物联网控制闭环**

用户平台对感知信息进行分析和判断，做出决策，生成用户平台控制信息，传输给服务云平台或服务平台，此时控制信息具有两种运行方式：

①服务云平台网外计算。

如图 3－27a 所示，服务平台感知信息系统将控制信息传输给网外的服务云平台进行云计算。云计算后的控制信息再传输给服务平台，由服务平台对云计算后的控制信息进行物计算，确定服务云平台云计算后的控制信息的合法性和有效性。

②服务云平台网内计算。

如图 3－27b 所示，用户平台生成的控制信息传输给已纳入物联网中的服务云平台进行云计算。

经服务云平台网外计算或网内计算的控制信息依次通过管理云平台和传感云平台的网外计算或网内计算传输给电信运营商通信平台，然后通过网关和无线通信模块将控制信息传输给对象平台。

在对象平台中，对象平台控制信息系统对控制信息进行验证、解析等物计算，完成对控制信息的执行，并以相应功能的形式表现出来。

控制信息的执行结果反馈给对象平台感知信息系统，用户平台与对象平台形成物联网控制闭环，实现对象为用户提供的感知和控制服务。

## 三、传感云平台、管理云平台以及服务云平台结构

传感云平台、管理云平台和服务云平台均是物联网用户授权外部云平台服务机构（包括政府、电信运营商、网络业务运营商、设备运营商、网络运营商）通过云服务形式提供额外信息计算资源的功能平台。传感云平台、管理云平台和服务云平台是在双方的协议下由外部云平台服务机构管理和控制，对物联网中传输来的感知信息和控制信息进行计算和传输。传感云平台、管理云平台和服务云平台的运营者可以相同也可以不同。传感云平台、管理云平台和服务云平台连接结构见图 3－28。

传感云平台由传感网络平台 1、管理平台 1、服务平台 1 组成，管理云平台由传感网络平台 2、管理平台 2、服务平台 2 组成，服务云平台由传感网络平台 3、管理平台 3、服务平台 3 组成。基于传感云平台、管理云平台以及服务云平台是否纳入物联网中，传感云平台、管理云平台以及服务云平台对物联网信息的云计算分为网外计算和网内计算两种。

（1）网外计算。

如图 3－28a 所示，传感云平台、管理云平台及服务云平台在物联网之外为用户提供云计算服务。

传感云平台接收到的物联网感知信息由传感网络管理平台提供，其用户和对象均为主体物联网（传感云平台、管理云平台以及服务云平台参与的物联网）的传感网络管理平台。电信运营商通信平台将感知信息传输给传感网络管理平台，由传感网络管理平台作为对象平台 1 将感知信息传输给传感云平台，依次经过传感网络平台 1、管理平台 1、服务平台 1 云计算后，再传输给作为用户平台 1 的传感网络管理平台，实现传感云平台对主体物联网感知信息的云计算。

管理云平台接收到的物联网感知信息由管理平台提供，其用户和对象为主体物联网的管理平台。传感网络平台将感知信息传输给管理平台，由管理平台作为对象平台 2 将感知信息传输给管理云平台，依次经过传感网络平台 2、管理平台

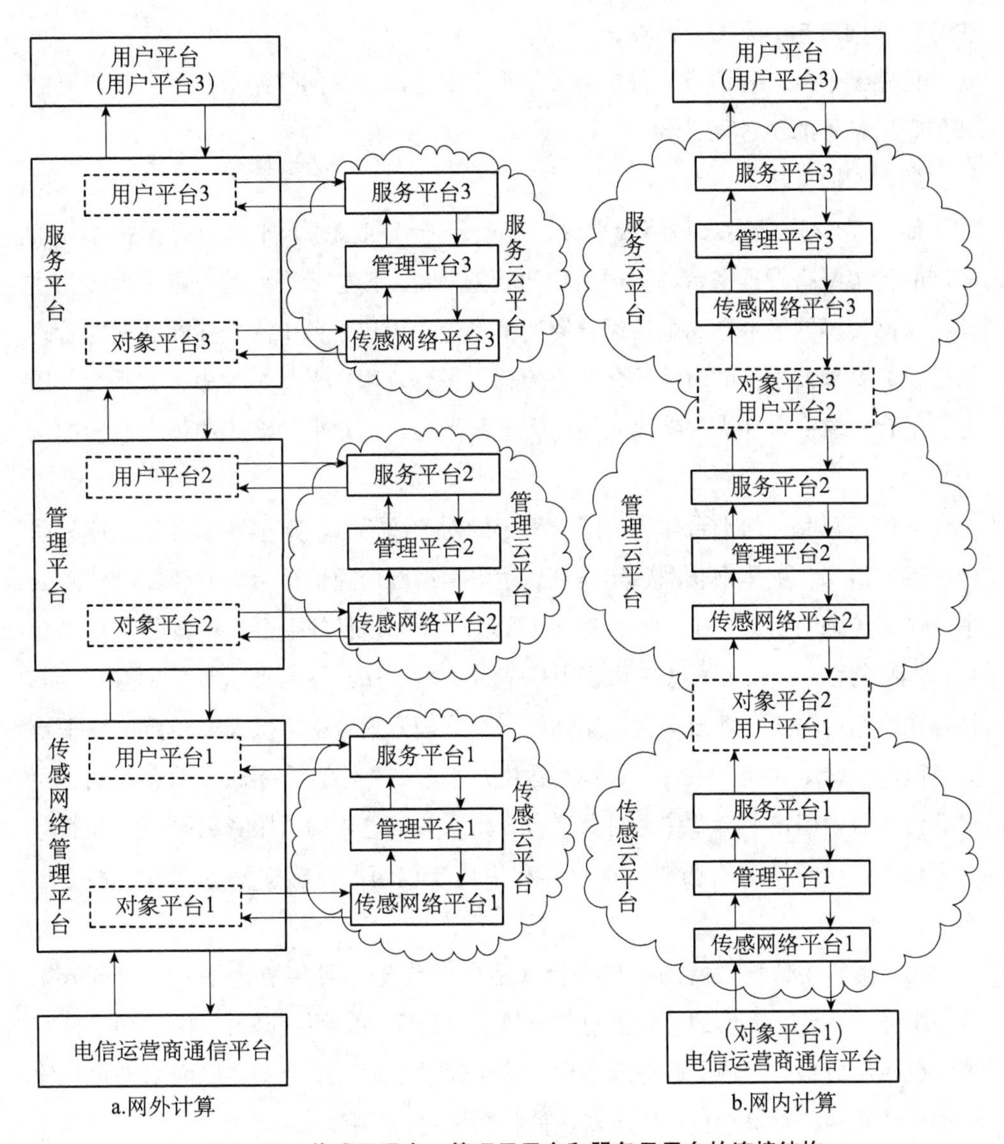


**图 3-28　传感云平台、管理云平台和服务云平台的连接结构**

2、服务平台 2 云计算后，再传输给作为用户平台 2 的管理平台，实现管理云平台对主体物联网感知信息的云计算。

服务云平台接收到的物联网感知信息由服务平台提供，其用户和对象为主体物联网的服务平台。管理平台将感知信息传输给服务平台，由服务平台作为对象平台 3 将感知信息传输给服务云平台，依次经过传感网络平台 3、管理平台 3、服务平台 3 云计算后，再传输给作为用户平台 3 的服务平台，实现服务云平台对主体物联网感知信息的云计算。

传感云平台、管理云平台及服务云平台对主体物联网控制信息的云计算是感知信息云计算的逆过程。

（2）网内计算

如图3-28b所示，传感云平台、管理云平台和服务云平台分别承接主体物联网的传感网络管理平台、管理平台和服务平台。传感云平台的对象平台1为主体物联网传感网络平台的电信运营商通信平台，用户平台1为主体物联网的管理云平台。管理云平台的对象平台2为传感云平台，用户平台2为服务云平台。服务云平台对象平台3为主体物联网的管理云平台，用户平台3为主体物联网的用户平台。

电信运营商通信平台作为传感云平台的对象平台1，其感知信息为主体物联网的感知信息。主体物联网感知信息到达电信运营商通信平台后，传输给传感云平台中的传感网络平台1，再依次经过管理平台1和服务平台1传输给用户平台1（对象平台2）。感知信息在到达用户平台1后，用户平台1会作为对象平台2将感知信息传输给管理云平台。感知信息在管理云平台中依次经过传感网络平台2、管理平台2、服务平台2，最终到达用户平台2（对象平台3）。信息在到达用户平台2后，用户平台2作为对象平台3将感知信息传输给服务云平台。在服务云平台中，根据具体的感知信息内容和用户授权情况，感知信息具有两种处理方式：

①上传给主体物联网的用户平台（用户平台3）。经传感云平台、管理云平台和服务云平台计算后的感知信息传输给主体物联网的用户平台，由用户平台直接生成控制信息，传输给服务云平台，依次通过管理云平台、传感网络平台传输给主体物联网的对象平台，实现对主体物联网对象的控制。

②直接生成控制信息。感知信息在到达服务云平台后，在用户授权的情况下，由服务平台3、管理平台3、传感网络平台3中的任一功能平台依据用户授权情况直接生成控制信息，依次通过对象平台3（用户平台2）、服务平台2、管理平台2、传感网络平台2、对象平台2（用户平台1）、服务平台1、管理平台1、传感网络平台1，传输给电信运营商通信平台（对象平台1），最终传输给主体物联网的对象平台，由主体物联网对象来执行控制信息，并以功能的形式表现出来。

## 第四节　云平台参与物联网的方式

承接于物联网特定功能平台的云平台被称为网内云平台；处于物联网之外，连接于物联网特定功能平台的云平台被称为网外云平台。

单纯的网内云平台和网外云平台是云平台参与物联网的主要方式。在实际应用中，网内云平台和网外云平台同时参与物联网的方式也是存在的。

网内云平台是物联网的一部分，代替相应的功能平台行使功能，其对物联网信息的计算处理为网内云计算。

网外云平台处于物联网之外，连接于物联网的功能平台。网外云平台参与物联网的方式包括三种：提供信息、提供计算资源以及接收物联网信息。网外云平台为物联网提供计算资源是网外云平台参与物联网信息运行的主要方式，前文对网外云平台信息运行的介绍便是基于此进行描述的。

（1）提供信息。

在一些特殊的应用场景下，物联网的功能平台或网内云平台在对物联网信息进行计算处理时，由于本身的计算能力不足，无法高效准确地对物联网信息进行计算，需要获得特定的外界信息辅助计算。此时的网外云平台无须向物联网提供云计算服务，只需要提供相应的信息便可，物联网信息不需要传输给网外的云平台。在此种云平台参与物联网的方式中，网外云平台与物联网是充分但不必要的关系。

（2）提供计算资源。

物联网的功能平台或网内云平台的计算资源并不是无尽的，在面对海量的信息需要计算处理时，其计算资源必然捉襟见肘。在利用某些云平台时，一些网外云平台无法直接将需要云计算处理的信息传输给云平台，需要由物联网特定功能平台将物联网信息传输给网外的云平台，由网外云平台云计算处理后再传输回物联网的功能平台。通过网外云平台，物联网获得高性能的云计算资源，实现对物联网信息的高效处理，为物联网用户提供更优质的服务。在此种云平台参与物联网的方式中，物联网信息需要传输给网外的云平台，网外云平台与物联网之间是充分且必要的关系。

(3) 接收物联网提供的信息。

世界是物联网的组合，信息是物联网运行的基础。物联网通过外接云平台，在获得物联网信息拥有者授权的条件下，将物联网信息传输给网外的云平台，为其他物联网的运行提供信息支撑。在此种云平台参与物联网的方式中，网外云平台仅仅是物联网信息的接收者，既不向物联网提供云计算资源，也不向物联网提供信息资源，只是按照既定的规则接收物联网传输来的信息，网外云平台与物联网之间是既不充分也不必要的关系。

## 一、云平台承接于传感网络管理平台

在云平台承接于传感网络管理平台时，仅有网内传感云平台为物联网提供网内云计算，是传感云平台参与物联网的主要形式，物联网的管理平台和服务平台未被云平台承接。在实际应用中，为了使物联网的运行更加高效，物联网的网内传感云平台、管理平台以及服务平台可通过连接网外云平台获得网外资源。

云平台承接于传感网络管理平台时，存在 7 种网外云平台参与物联网的形式。

### 1. 云平台参与物联网的方式 1

在图 3－29 中，云平台承接于物联网的传感网络管理平台，并连接有网外传感云平台。

在云平台参与物联网的方式 1 中，物联网的管理平台和服务平台无网外云平台连接。物联网网外云平台通过三种方式参与物联网信息的运行。

(1) 在外界信息的辅助下，物联网网内传感云平台的计算能力可满足物联网对信息的计算处理要求。此时，网外传感云平台是物联网外界信息的提供者。

(2) 物联网网内传感云平台的计算能力无法满足物联网对信息的计算处理要求，此时网外传感云平台代替网内传感云平台对物联网信息进行计算处理。此时，网外传感云平台是云计算资源的提供者。

(3) 物联网网内传感云平台的计算能力能够满足要求，也不需要外界信息辅助，网外云平台既不提供计算资源，也不提供信息资源。在物联网信息拥有者授权的情况下，网外传感云平台仅是按照既定的规则，接收网内传感云平台提供的

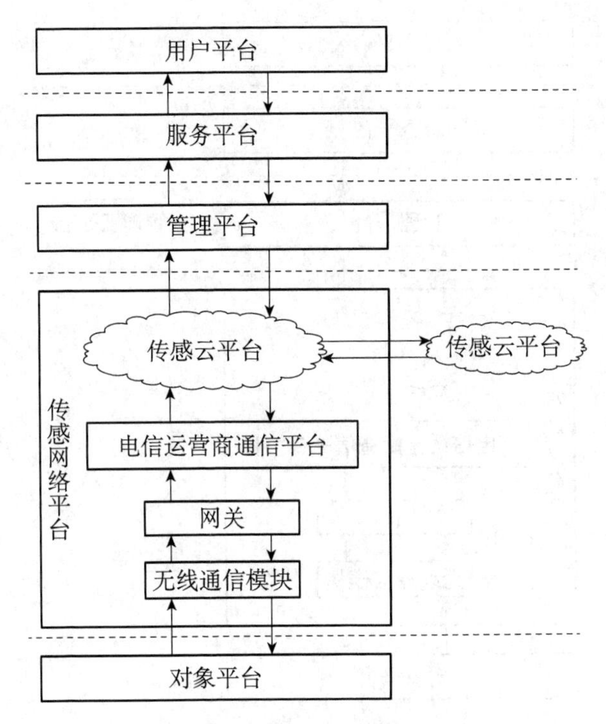


**图 3－29　云平台参与物联网的方式 1**

信息，为其他物联网运行提供信息支持。

2. 云平台参与物联网的方式 2

在图 3－30 中，传感云平台承接于传感网络管理平台，管理平台连接有网外管理云平台，网内传感云平台和服务平台无网外云平台连接。网外管理云平台通过三种方式参与物联网信息的运行。

（1）物联网管理平台的物计算能力可以满足物联网对信息的计算处理需要，但需要获得外界信息辅助。此时，网外管理云平台是物联网外界信息的提供者。

（2）物联网管理平台的物计算能力无法满足物联网对信息计算处理的要求，需由网外的管理云平台提供云计算资源。此时，网外管理云平台代替物联网管理平台对物联网信息进行计算处理。

（3）物联网管理平台的物计算能力能够满足要求，也不需要额外的信息作为补充，网外的管理云平台既不提供计算资源，也不提供信息资源，只是按照既定的规则（得到信息拥有者的授权）接收物联网管理平台提供的物联网信息，为其他物联网运行提供信息支持。

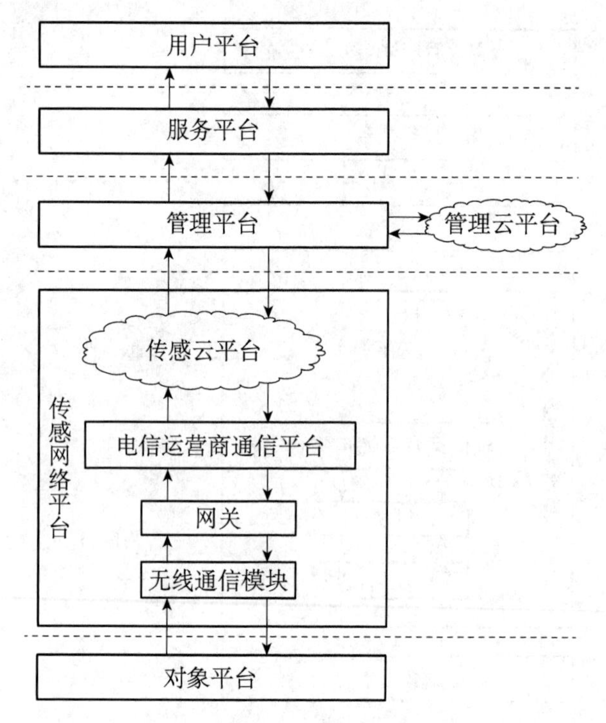


**图 3-30　云平台参与物联网的方式 2**

3. 云平台参与物联网的方式 3

在图 3-31 中，只有传感云平台承接于物联网的传感网络管理平台，为物联网提供云计算。此时，物联网的服务平台连接有服务云平台，传感云平台和管理平台无网外云平台连接。

在此云平台参与物联网的方式中，网外的服务云平台通过三种方式参与物联网信息的运行。

(1) 物联网服务平台的物计算能力可以满足物联网对信息的计算处理需要，但需要其他信息作为补充。此时，网外服务云平台是物联网外界信息的提供者。

(2) 物联网服务平台的物计算能力无法满足物联网对信息的计算处理要求，需由网外的服务云平台提供云计算资源。此时网外云平台代替物联网服务平台对物联网信息进行计算处理。

(3) 物联网服务平台的物计算能力能够满足物联网对物联网信息的计算处理要求，无须外界信息辅助。此时，网外的服务云平台既不提供计算资源，也不提供信息资源，只是按照既定的规则（得到信息拥有者的授权）接收物联网服务平

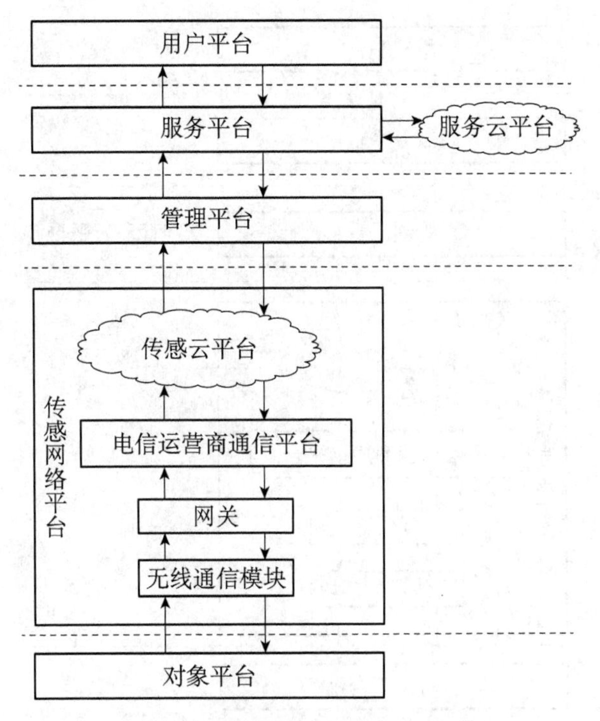


**图 3－31　云平台参与物联网的方式 3**

台提供的物联网信息，为其他物联网运行提供信息支持。

4. 云平台参与物联网的方式 4

在图 3－32 中，只有传感云平台承接于物联网的传感网络管理平台，为物联网提供云计算。此时，物联网的网内传感云平台、管理平台连接有网外云平台，服务平台无网外云平台连接。

在云平台参与物联网的方式 4 中，网外云平台均通过三种方式参与物联网信息的运行。

(1) 物联网的网内传感云平台和管理平台的计算能力能够满足物联网对信息计算处理的要求，但需获得外界信息辅助计算。网外传感云平台和管理云平台通过向物联网提供信息参与物联网信息的运行。

(2) 物联网的网内传感云平台和管理平台的计算能力无法满足物联网对信息的计算处理要求，需由网外的云平台提供云计算资源。此时，网外云平台代替网内传感云平台和管理平台对物联网信息进行计算处理。

(3) 物联网的网内传感云平台和管理平台的计算能力能够满足物联网对信息

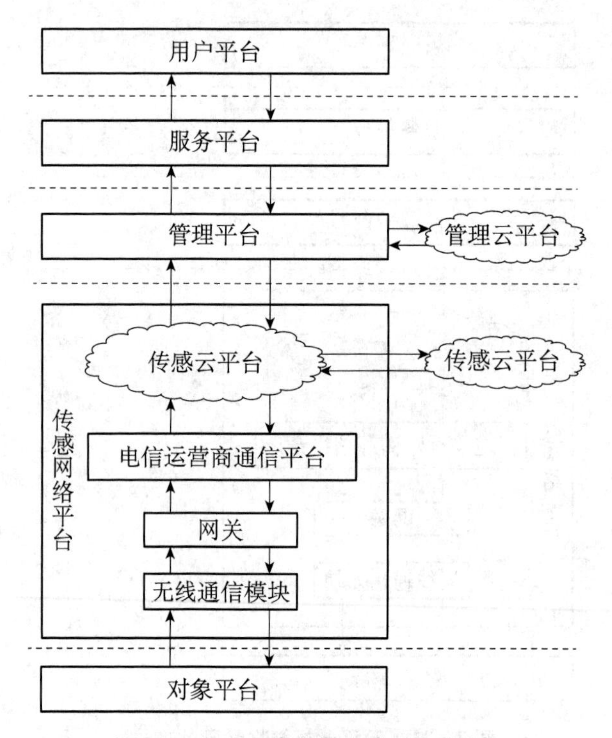


**图 3-32　云平台参与物联网的方式 4**

的计算处理要求，不需要额外的信息辅助。此时，网外传感云平台和网外管理云平台既不提供计算资源，也不提供信息资源，只是按照既定的规则（得到信息拥有者的授权）接收物联网提供的信息，为其他物联网运行提供信息支持。

5. 云平台参与物联网的方式 5

在图 3-33 中，只有传感云平台承接于物联网的传感网络管理平台，为物联网提供网内云计算。此时，物联网网内传感云平台、服务平台连接有网外云平台，管理平台无网外云平台连接。

在云平台参与物联网的方式 5 中，网外的传感云平台和服务云平台均通过三种方式参与物联网信息的运行。

（1）物联网的网内传感云平台和服务平台的计算能力能够满足物联网对信息计算处理的要求，但均需要获得外界信息辅助计算。网外传感云平台和服务云平台通过向物联网提供信息实现对物联网信息运行的参与。

（2）物联网的网内传感云平台和服务平台的计算能力无法满足物联网对信息的计算处理要求，需由网外云平台提供外界计算资源，代替网内传感云平台和服

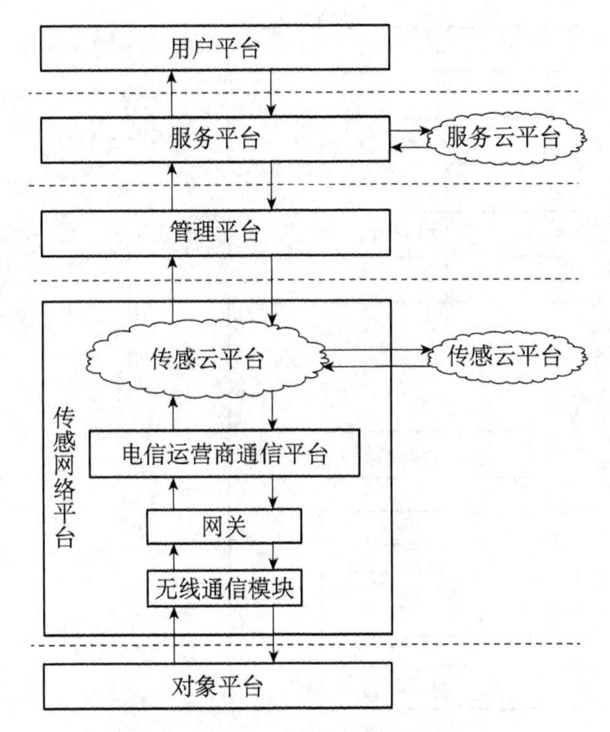


**图 3-33　云平台参与物联网的方式 5**

务平台对物联网信息进行计算处理。

（3）物联网网内传感云平台和服务平台的计算能力能够满足物联网对信息的计算处理要求，不需要额外的信息作为补充。此时网外传感云平台和网外服务云平台既不提供计算资源，也不提供信息资源，只是按照既定的规则（得到信息拥有者的授权）接收物联网提供的信息，为其他物联网运行提供信息支持。

6. *云平台参与物联网的方式 6*

在图 3-34 中，只有传感云平台承接于物联网的传感网络管理平台，为物联网提供网内云计算。此时，物联网的管理平台、服务平台连接有网外云平台，传感网络管理平台无网外云平台连接。

在云平台参与物联网的方式 6 中，网外的管理云平台和服务云平台均通过三种方式参与物联网信息的运行。

（1）物联网管理平台和服务平台的物计算能力能够满足物联网对信息计算处理的要求，但均需要获得额外的信息来辅助计算。网外管理云平台和服务云平台仅仅用于向物联网提供辅助信息。

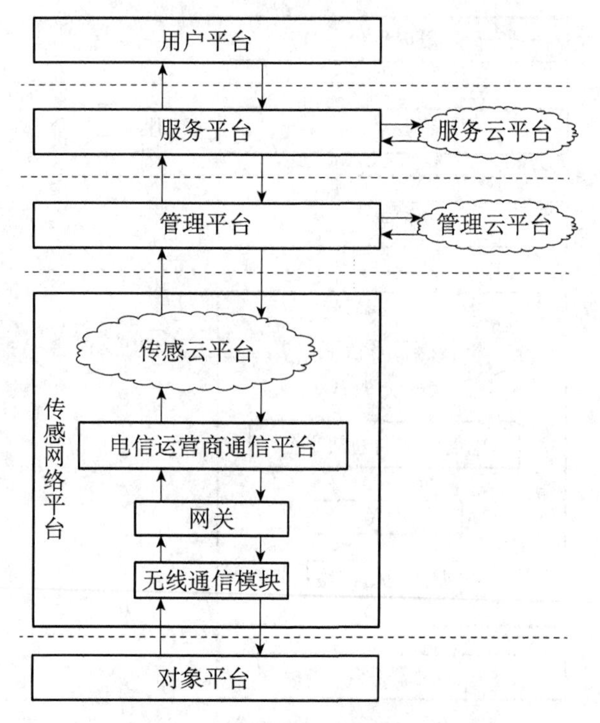


**图 3-34　云平台参与物联网的方式 6**

(2) 物联网管理平台和服务平台的物计算能力无法满足物联网对信息的计算处理要求，需由网外的云平台提供云计算资源。此时网外管理云平台和网外服务云平台代替网内管理平台和服务平台对物联网信息进行计算处理，实现物联网的功能表现。

(3) 物联网管理平台和服务平台的物计算能力能够满足物联网对信息的计算处理要求，不需要额外的信息作为补充。此时网外的管理云平台和服务云平台既不提供计算资源，也不提供信息资源，只是按照既定的规则（得到信息拥有者的授权）接收物联网提供的信息，为其他物联网运行提供信息支持。

7. 云平台参与物联网的方式 7

在图 3-35 中，只有传感云平台承接于物联网的传感网络管理平台，为物联网提供网内云计算。此时，物联网的网内传感云平台、管理平台以及服务平台连接有网外云平台。

在云平台参与物联网的方式 7 中，网外云平台均通过三种方式参与物联网信息的运行。

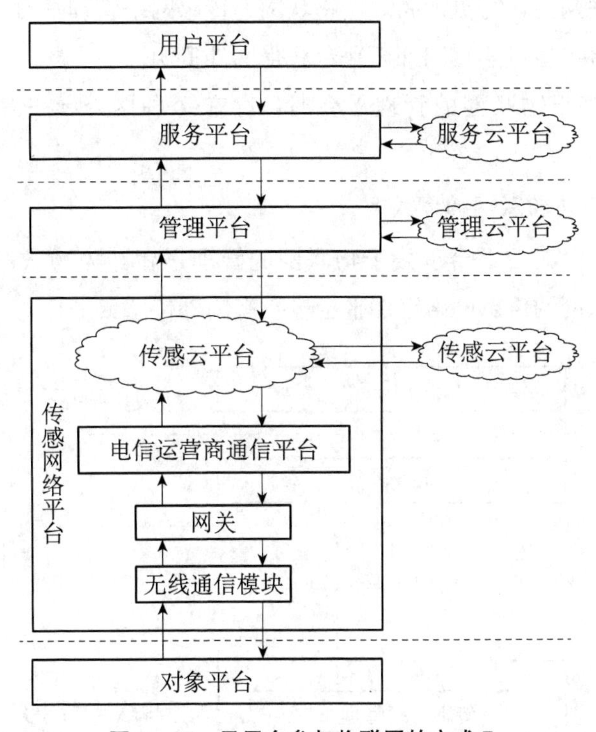


**图 3-35　云平台参与物联网的方式 7**

（1）物联网的网内传感云平台、管理平台和服务平台的计算能力能够满足物联网对信息计算处理的要求，但需要获得外界信息辅助计算。网外云平台是物联网信息的提供者。

（2）物联网网内传感云平台、管理平台和服务平台的计算能力无法满足物联网对信息的计算处理要求，需由网外云平台提供外界计算资源。此时，网外云平台代替网内传感云平台、管理平台和服务平台对物联网信息进行计算处理。

（3）物联网网内传感云平台、管理平台和服务平台的计算能力能够满足物联网对信息的计算处理要求，不需要外界信息辅助计算。此时网外云平台既不向物联网提供云计算资源，也不提供信息资源，只是按照既定的规则（得到信息拥有者的授权）接收物联网提供的信息，为其他物联网运行提供信息支持。

## 二、云平台承接于管理平台

在云平台承接于管理平台时，仅有网内管理云平台为物联网提供网内云计算，并行使管理平台的功能，是管理云平台参与物联网的主要形式。在实际应用中，为了使物联网的运行更加高效，物联网的传感网络管理平台、网内管理云平台以及服务平台可通过连接网外云平台获得网外资源。

云平台承接于物联网的管理平台时，存在7种网外云平台参与物联网的形式。

1. 云平台参与物联网的方式8

在图3-36中，云平台承接于物联网的管理平台，为物联网提供网内云计算。此时，物联网的传感网络管理平台连接有网外传感云平台。

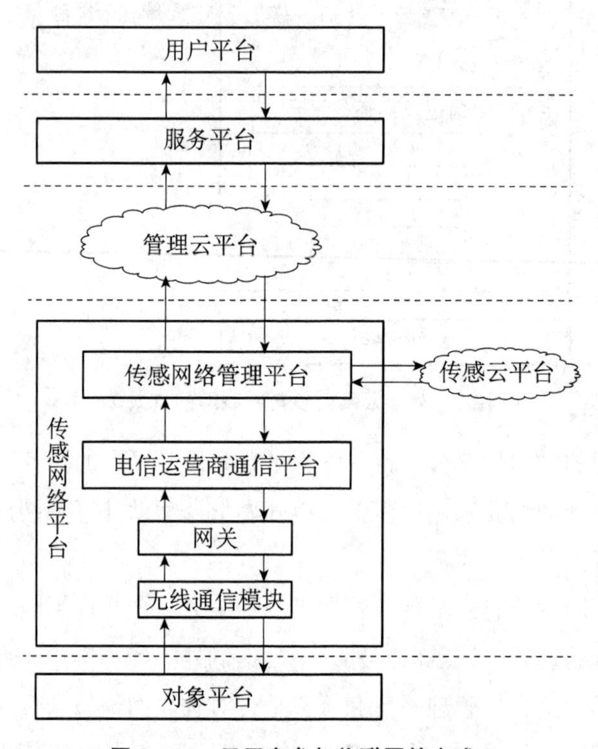


**图3-36　云平台参与物联网的方式8**

在云平台参与物联网的方式8中，管理云平台承接于物联网的管理平台，物联网的传感网络平台连接有网外传感云平台，网内管理云平台和服务平台无网外云平台连接。网外的传感云平台通过三种方式参与物联网信息的运行。

(1) 物联网传感网络平台的物计算能力可以满足物联网对信息的计算处理需要，但需要获得外界信息辅助。此时，网外传感云平台是物联网外界信息的提供者。

(2) 物联网传感网络管理平台的物计算能力无法满足物联网对信息计算处理

的要求，需由网外的传感云平台提供云计算资源。此时，网外传感云平台代替网内传感网络管理平台对物联网信息进行计算处理。

(3) 物联网传感网络管理平台的物计算能力可以满足物联网对信息的计算处理要求，无须外界信息辅助计算，网外的传感云平台既不提供计算资源，也不提供信息资源，只是按照既定的规则（得到信息拥有者的授权）接收物联网传感网络管理平台提供的物联网信息，为其他物联网的运行提供信息支持。

2. 云平台参与物联网的方式 9

在图 3-37 中，云平台承接于物联网的管理平台，为物联网提供网内云计算。此时，物联网的管理平台连接有网外管理云平台。

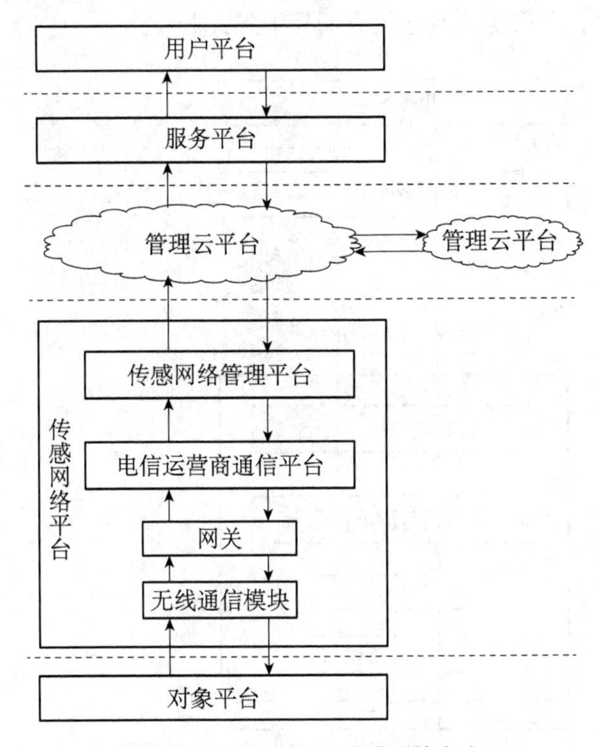


**图 3-37　云平台参与物联网的方式 9**

在云平台参与物联网的方式 9 中，管理云平台承接于物联网的管理平台，并连接有网外管理云平台，物联网的传感网络管理平台和服务平台无网外云平台连接。网外的管理云平台通过三种方式参与物联网信息的运行。

(1) 物联网网内管理云平台的计算能力可以满足物联网对信息的计算处理要求，但需获得外界信息辅助计算。此时，网外管理云平台是外界信息的提供者。

（2）物联网管理云平台的计算能力无法满足物联网对信息计算处理的要求，需由网外的管理云平台提供额外的计算资源。此时网外管理云平台代替网内管理云平台对物联网信息进行云计算。

（3）物联网管理云平台的计算能力能够满足物联网对信息的计算处理要求，也无须外界信息辅助计算。此时，网外的管理云平台既不提供计算资源，也不提供信息资源，只是按照既定的规则（得到信息拥有者的授权）接收物联网网内管理云平台提供的物联网信息，为其他物联网运行提供信息支持。

3. 云平台参与物联网的方式 10

在图 3－38 中，云平台承接于物联网的管理平台，为物联网提供网内云计算。此时，物联网的服务平台连接有网外服务云平台。

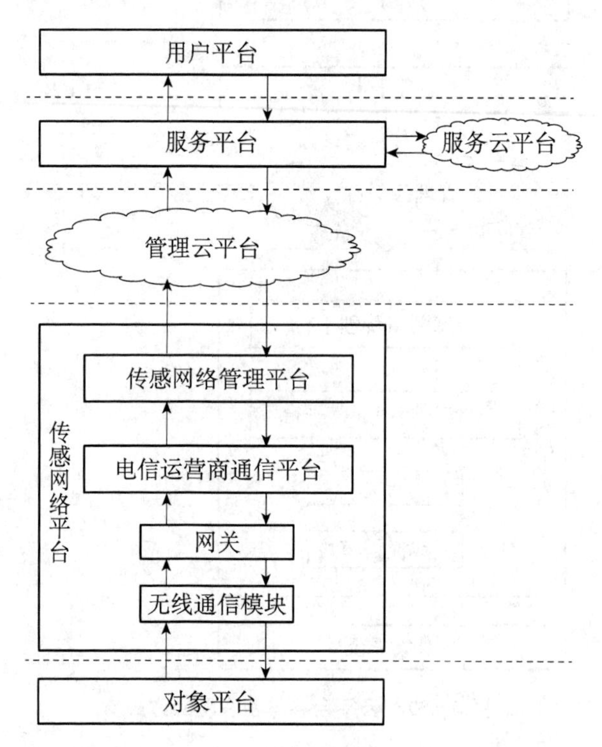


**图 3－38　云平台参与物联网的方式 10**

在云平台参与物联网的方式 10 中，网外的服务云平台通过三种方式参与物联网信息的运行。

（1）物联网服务平台的物计算能力可以满足物联网对信息的计算处理要求，但需要得到外界信息辅助计算。此时，网外服务云平台是外界信息的提供者。

(2) 物联网服务平台的物计算能力无法满足物联网对信息计算处理的要求，需由网外的服务云平台提供额外的计算资源。此时网外服务云平台代替网内服务平台对物联网信息进行云计算。

③物联网服务平台的物计算能力能够满足物联网对信息的计算处理要求，无须外界信息辅助计算。此时，网外的服务云平台既不提供计算资源，也不提供信息资源，只是按照既定的规则（得到信息拥有者的授权）接收物联网服务平台提供的物联网信息，为其他物联网运行提供信息支持。

4. 云平台参与物联网的方式 11

在图 3-39 中，云平台承接于物联网的管理平台，为物联网提供网内云计算。此时，物联网的传感网络管理平台、网内管理云平台连接有网外云平台。

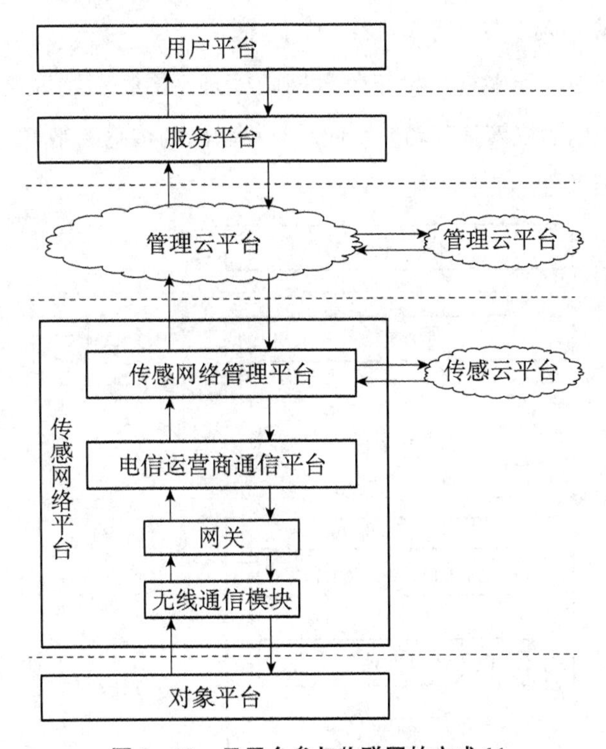


**图 3-39　云平台参与物联网的方式 11**

在云平台参与物联网的方式 11 中，管理云平台承接于物联网的管理平台，代替管理平台行使对物联网的统筹管理功能。网外的管理云平台和传感云平台通过三种方式参与物联网信息的运行。

(1) 物联网的传感网络管理平台和网内管理云平台的计算能力可以满足物联

网对信息的计算处理要求，但需要获得额外的信息来辅助计算。网外的传感云平台和管理云平台通过向物联网提供信息实现对物联网信息运行的参与。

（2）物联网的传感网络管理平台和网内管理云平台的计算能力无法满足物联网对信息的计算处理要求，需连接网外云平台获得云计算资源。此时网外云平台代替传感网络管理平台和网内管理云平台对物联网信息进行云计算。

（3）物联网传感网络管理平台和网内的管理云平台的计算能力能够满足物联网对信息的计算处理要求，无须外界信息辅助计算。此时网外传感云平台和网外管理云平台既不提供计算资源，也不提供信息资源，只是按照既定的规则（得到物联网的信息拥有者授权）接收物联网提供的信息，为其他物联网运行提供信息支持。

5. 云平台参与物联网的方式 12

在图 3-40 中，云平台承接于物联网的管理平台，为物联网提供网内云计算，行使对物联网的统筹管理功能。此时，物联网的传感网络管理平台、服务平台连接有网外云平台。

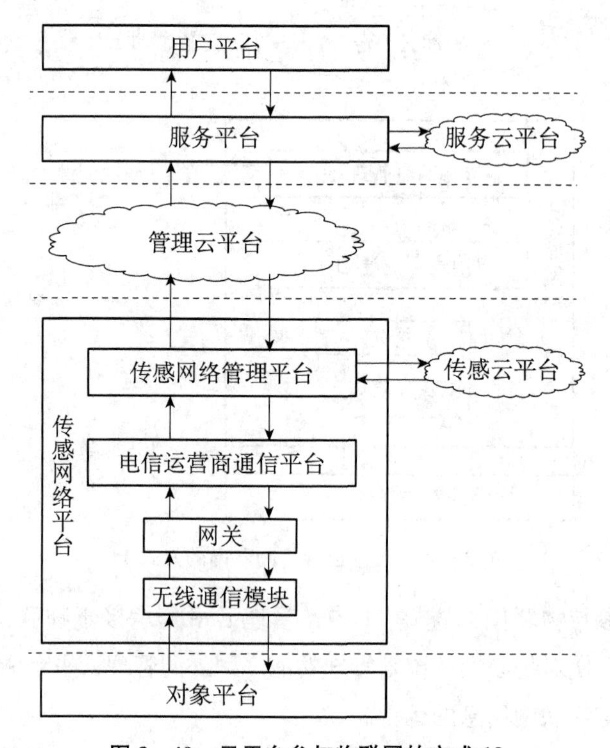


**图 3-40　云平台参与物联网的方式 12**

在云平台参与物联网的方式 12 中，网外云平台通过三种方式参与物联网信息的运行。

（1）物联网的传感网络管理平台和服务平台的物计算能力可以满足物联网对信息的计算处理要求，但需外界信息辅助计算。网外传感云平台和网外服务云平台通过向物联网提供信息实现对物联网信息运行的参与。

（2）物联网的传感网络管理平台和服务平台的物计算能力无法满足物联网对信息的计算处理要求，需外接云平台获得外界云计算资源，实现对物联网信息的计算处理。此时，物联网网外云平台代替物联网的传感网络管理平台和服务平台对物联网信息进行计算处理。

（3）物联网传感网络管理平台和服务平台的物计算能力可以满足物联网对信息的计算处理要求，无须外界信息辅助计算。此时网外云平台既不向物联网提供计算资源，也不提供信息资源，只是按照既定的规则（得到物联网的信息拥有者授权）接收物联网提供的信息，为其他物联网运行提供信息支持。

6. 云平台参与物联网的方式 13

在图 3 - 41 中，云平台承接于物联网的管理平台，为物联网提供网内云计算，代替管理平台行使对物联网的统筹管理功能。物联网的管理云平台、服务平台连接有网外云平台。

在云平台参与物联网的方式 13 中，网外管理云平台和服务云平台通过三种方式参与物联网信息的运行。

（1）物联网的网内管理云平台和服务平台的计算能力可以满足物联网对信息的计算处理要求，但需要获得外界信息辅助计算。此时，网外管理云平台和网外服务云平台通过向物联网提供信息实现对物联网信息运行的参与。

（2）物联网的网内管理云平台和服务平台的计算能力无法满足物联网对信息的计算处理要求，需外接网外云平台获得云计算资源，实现对物联网信息的计算处理。此时，网外云平台代替网内管理云平台和服务平台对物联网信息进行计算处理。

（3）物联网网内管理云平台和服务平台的计算能力可以满足物联网对信息的计算处理要求，无须外界信息辅助计算。此时网外管理云平台和网外服务云平台既不向物联网提供计算资源，也不提供信息资源，只是按照既定的规则（得到物联网的信息拥有者授权）接收物联网提供的信息，为其他物联网运行提供信息支持。

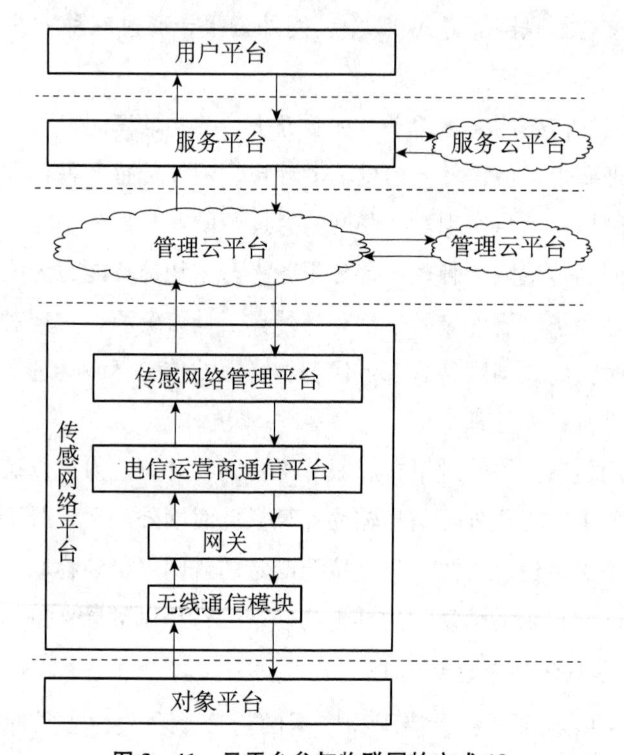


**图 3－41　云平台参与物联网的方式 13**

7. 云平台参与物联网的方式 14

在图 3－42 中，云平台承接于物联网的管理平台，为物联网提供网内云计算，代替管理平台行使对物联网的统筹管理功能。物联网的传感网络管理平台、网内管理云平台以及服务平台连接有网外云平台。

在云平台参与物联网的方式 14 中，网外云平台通过三种方式参与物联网信息的运行。

(1) 物联网的传感网络管理平台、网内管理云平台、服务平台的计算能力可以满足物联网对信息的计算处理要求，但需要获得外界信息辅助计算。此时，网外云平台是物联网外界信息的提供者。

(2) 物联网的传感网络管理平台、网内管理云平台和服务平台的计算能力无法满足物联网对信息的计算处理要求，需外接网外云平台获得外界云计算资源，实现对物联网信息的计算处理。此时网外云平台代替物联网的传感网络管理平台、网内管理云平台、服务平台对物联网信息进行计算处理。

(3) 物联网的传感网络管理平台、网内管理云平台和服务平台的计算能力可

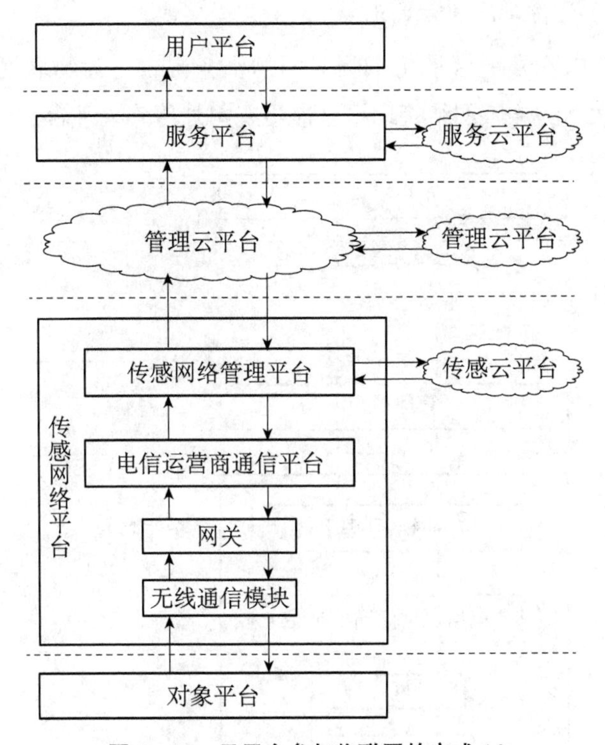


**图 3-42　云平台参与物联网的方式 14**

以满足物联网对信息的计算处理要求，无须外界信息辅助计算。此时网外云平台既不向物联网提供计算资源，也不提供信息资源，只是按照既定的规则（得到物联网的信息拥有者授权）接收物联网提供的信息，为其他物联网运行提供信息支持。

## 三、云平台承接于服务平台

在只有云平台承接于物联网的服务平台时，服务云平台代替服务平台行使对物联网的服务通信功能是云平台参与物联网的主要形式，物联网的传感网络管理平台、管理平台无云平台承接。在实际应用中，物联网的传感网络管理平台、管理平台、服务云平台还可外接网外云平台，实现网外云平台对物联网信息运行不同形式的参与。

云平台承接于物联网的服务平台时，存在 7 种网外云平台参与物联网的形式。

1. 云平台参与物联网的方式15

在图3-43中，云平台承接于物联网的服务平台，为物联网提供网内云计算。此时，物联网的传感网络管理平台连接有网外传感云平台。

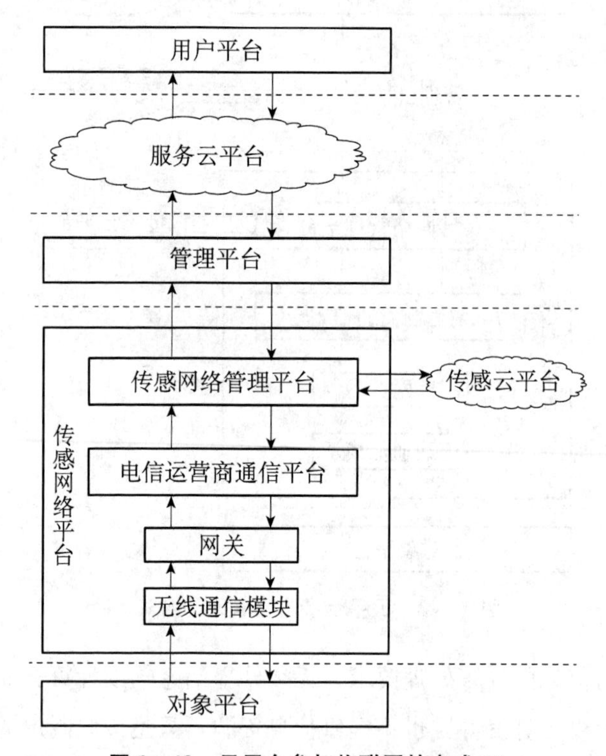


**图3-43　云平台参与物联网的方式15**

在云平台参与物联网的方式15中，传感网络管理平台连接的网外传感云平台通过三种方式参与物联网信息的运行。

(1) 物联网传感网络管理平台的物计算能力可以满足物联网对信息的计算要求，但需要获得外界信息辅助计算。此时，网外传感云平台是物联网外界信息的提供者。

(2) 物联网的传感网络管理平台的物计算能力无法满足物联网对信息的计算处理要求。传感网络平台通过连接网外传感云平台获得外界云计算资源，由网外传感云平台对物联网信息进行计算处理。

(3) 物联网传感网络管理平台的物计算能力可以满足物联网对信息的计算处理要求，无须外界信息辅助计算。此时，网外传感云平台既不提供计算资源，也不提供信息资源，在拥有物联网信息拥有者授权的条件下，网外传感云平台按照既定的规则接收物联网信息，为其他物联网运行提供信息支持。

2. 云平台参与物联网的方式 16

在图 3－44 中，云平台承接于物联网的服务平台，为物联网提供网内云计算。此时，物联网的管理平台连接有网外管理云平台。

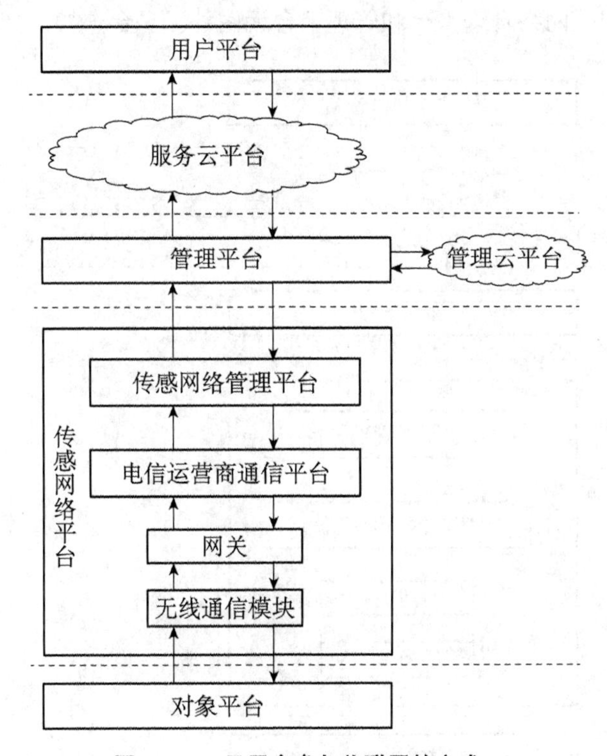


**图 3－44　云平台参与物联网的方式 16**

在云平台参与物联网的方式 16 中，物联网的管理平台连接有网外传感云平台，传感网络管理平台、网内服务云平台无网外云平台连接。网外云平台通过三种方式参与物联网信息的运行。

（1）物联网管理平台的物计算能力可以满足物联网对信息的计算要求，但需获得外界信息辅助计算。此时，网外管理云平台是物联网外界信息的提供者。

（2）物联网管理平台的物计算能力无法满足物联网对信息的计算处理要求。管理平台通过连接网外管理云平台获得额外的云计算资源，由网外管理云平台对物联网信息进行云计算。

（3）物联网管理平台的物计算能力可以满足物联网对信息的计算处理要求，无须外界信息辅助计算。此时，网外管理云平台既不提供计算资源，也不提供信息资源，在拥有物联网信息拥有者授权的条件下，网外管理云平台按照既定的规则接收物联网信息，为其他物联网运行提供信息支持。

3. 云平台参与物联网的方式 17

在图 3-45 中，云平台承接于物联网的服务平台，并连接有网外服务云平台。物联网的传感网络管理平台和管理平台无网外云平台连接。

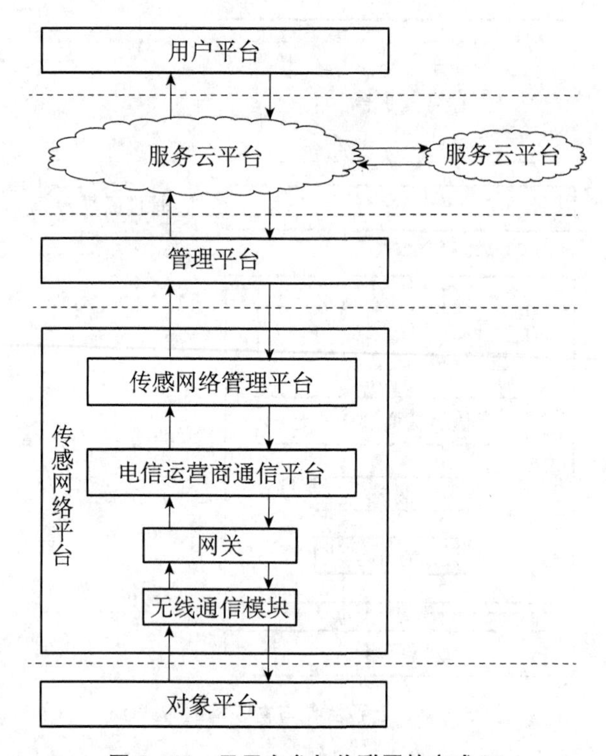


**图 3-45　云平台参与物联网的方式 17**

在云平台参与物联网的方式 17 中，网外服务云平台通过三种方式参与物联网信息的运行。

（1）物联网网内服务云平台的计算能力可以满足物联网对信息的计算要求，但需获得外界信息辅助计算。此时，网外服务云平台是物联网外界信息的提供者：网内服务云平台向网外服务云平台发送需求信息，由网外服务云平台将相应的信息发送给服务云平台。

（2）物联网网内服务云平台的计算能力无法满足物联网对信息的计算处理要求。服务云平台通过连接网外服务云平台获得外界云计算资源，由网外服务云平台代替网内服务云平台对物联网信息进行云计算。

（3）物联网网内服务云平台的计算能力可以满足物联网对信息的计算处理要求，无须外界信息辅助计算。此时，网外服务云平台既不提供计算资源，也不提供信息资源，在拥有物联网信息拥有者授权的条件下，网外服务云平台按照既定的规则接收物联网信息，为其他物联网运行提供信息支持。

4. 云平台参与物联网的方式18

在图3－46中，云平台承接于物联网的服务平台，传感网络管理平台与管理平台连接有网外云平台，物联网的网内服务云平台无网外云平台连接。

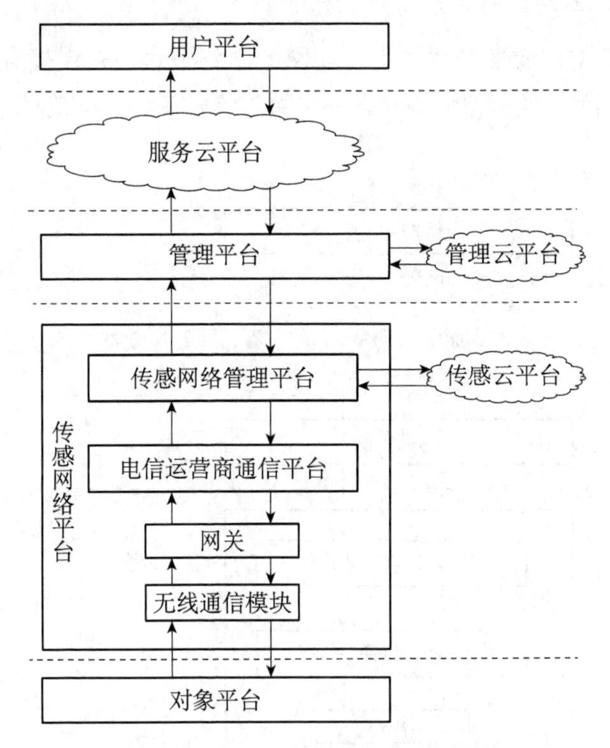


**图3－46 云平台参与物联网的方式18**

在云平台参与物联网的方式18中，服务云平台承接于物联网的服务平台，代替服务平台行使对物联网的服务通信功能。物联网的传感网络管理平台与管理平台连接有网外云平台。网外的云平台通过三种方式参与物联网信息的运行。

（1）物联网的传感网络管理平台和管理平台的物计算能力可以满足物联网对信息的计算处理要求，但需要获得外界信息来辅助计算。网外的传感云平台和管理云平台通过向物联网提供信息实现对物联网信息运行的参与。

（2）物联网的传感网络管理平台和管理平台的物计算能力无法满足物联网对

信息的计算处理要求，需获得外界计算资源进行计算处理。此方式需要物联网将信息传输给网外云平台，由网外云平台对物联网信息进行云计算处理。

(3) 物联网传感网络管理平台和管理平台的物计算能力能够满足物联网对信息的计算处理要求，不需要额外的信息作为补充。此时网外的传感云平台和管理云平台既不提供计算资源，也不提供信息资源，只是按照既定的规则（得到物联网的信息拥有者授权）接收物联网提供的信息，为其他物联网运行提供信息支持。

5. 云平台参与物联网的方式 19

在图 3-47 中，云平台承接于物联网的服务平台，并连接有网外服务云平台，同时物联网的传感网络管理平台外接有传感云平台。物联网的管理平台无网外云平台连接。

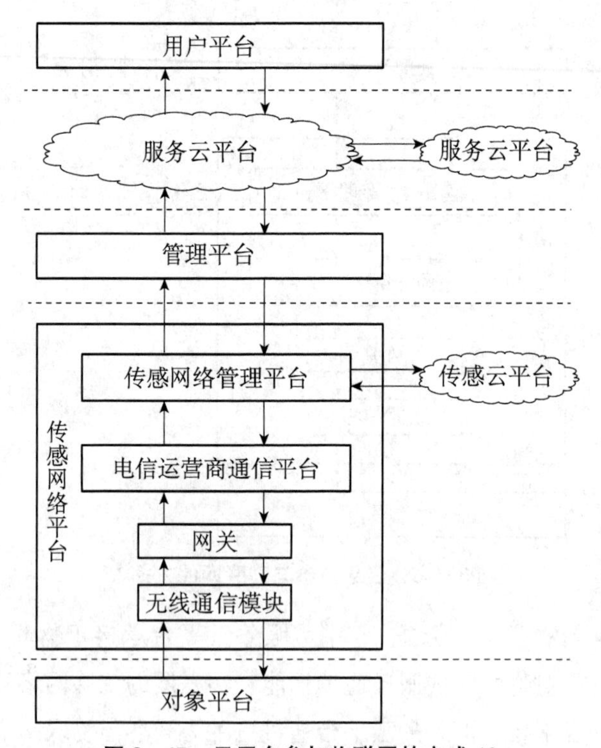


**图 3-47 云平台参与物联网的方式 19**

在云平台参与物联网的方式 19 中，网外的传感云平台和服务云平台通过三种方式参与物联网信息的运行。

(1) 物联网的传感网络管理平台和网内服务云平台的计算能力可以满足物联

网对信息的计算处理要求，但需要获得外界信息来辅助计算。网外的传感云平台和网外服务云平台通过向物联网提供信息实现对物联网信息运行的参与。

（2）物联网的传感网络管理平台和网内服务云平台的计算能力无法满足物联网对信息的计算处理要求，在特定场景下，需外接云平台获得额外的计算资源，实现对物联网信息的计算处理。

（3）物联网的传感网络管理平台和网内服务云平台的计算能力可以满足物联网对信息的计算处理要求，无须外界信息辅助计算。此时网外的传感云平台和服务云平台既不向物联网提供计算资源，也不提供信息资源，只是按照既定的规则（得到物联网的信息拥有者授权）接收物联网提供的信息，为其他物联网运行提供信息支持。

6. 云平台参与物联网的方式 20

在图 3－48 中，云平台承接于物联网的服务平台，并连接有网外服务云平台，同时物联网的管理平台外接有管理云平台。物联网的传感网络管理平台无网外云平台连接。

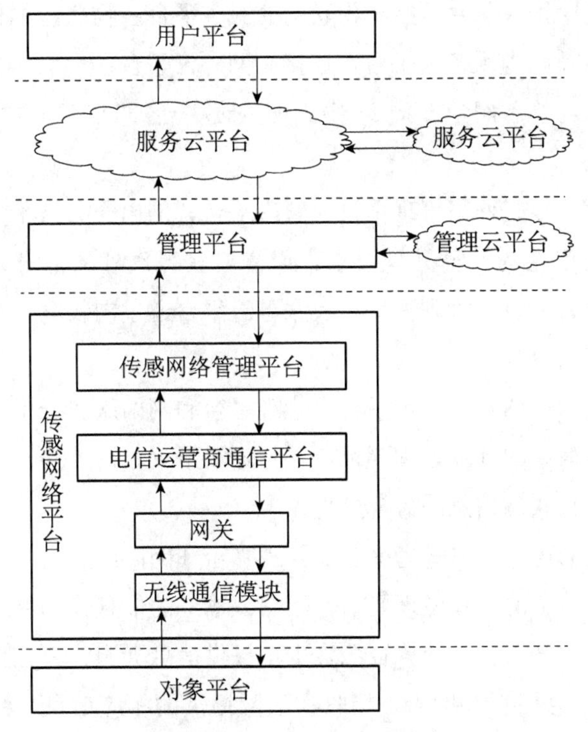


**图 3－48　云平台参与物联网的方式 20**

在云平台参与物联网的方式 20 中，网外的管理云平台和服务云平台通过三种方式参与物联网信息的运行。

（1）物联网的管理平台和网内服务云平台的计算能力可以满足物联网对信息的计算处理要求，但需要获得外界信息来辅助计算。网外的管理云平台和服务云平台通过向物联网提供信息实现对物联网信息运行的参与。

（2）物联网的管理平台和网内服务云平台的计算能力无法满足物联网对信息的计算处理要求，在特定场景下，需外接网外云平台获得额外的计算资源，实现对物联网信息的计算处理。

（3）物联网的管理平台和网内服务云平台的计算能力可以满足物联网对信息的计算处理要求，也无须外界信息辅助计算。此时网外的管理平台和服务云平台既不向物联网提供计算资源，也不提供信息资源，只是按照既定的规则（得到物联网的信息拥有者授权）接收物联网提供的信息，为其他物联网运行提供信息支持。

7. 云平台参与物联网的方式 21

在图 3-49 中，云平台承接于物联网的服务平台。物联网的传感网络管理平台、管理平台以及网内服务云平台均连接有网外云平台。

在云平台参与物联网的方式 21 中，网外云平台通过三种方式参与物联网信息的运行。

（1）物联网的传感网络管理平台、管理平台、网内服务云平台的计算能力可以满足物联网对信息的计算处理要求，但需要获得额外的信息来辅助计算。此时，网外的传感云平台、管理云平台及服务云平台通过向物联网提供信息实现对物联网信息运行的参与。

（2）物联网的传感网络管理平台、管理平台和网内服务云平台的计算能力无法满足物联网对信息的计算处理要求，在特定场景下，需外接平台获得额外的计算资源，实现对物联网信息的计算处理。

（3）物联网的传感网络管理平台、管理平台和网内服务云平台的计算能力可以满足物联网对信息的计算处理要求，不需要额外的信息作为补充。此时物联网连接的网外云平台既不提供计算资源，也不提供信息资源，只是按照既定的规则（得到物联网的信息拥有者授权）接收物联网提供的相应信息，为其他物联网运行提供信息支持。

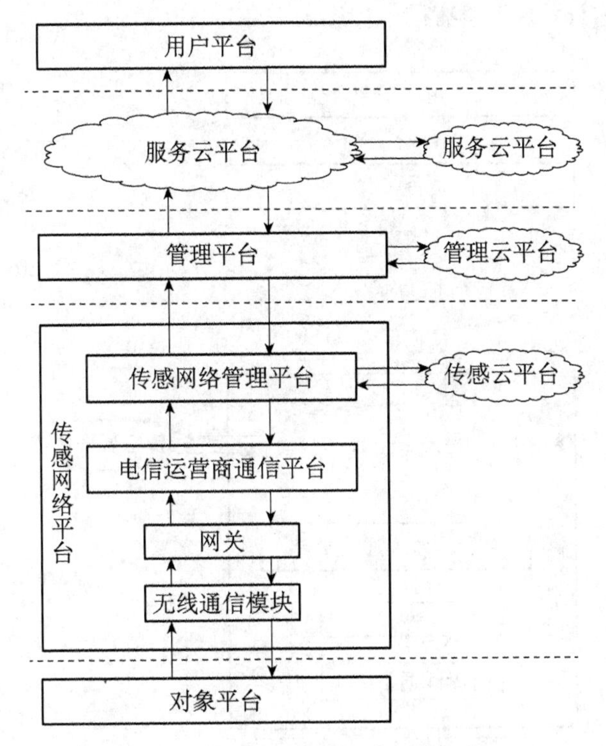

**图 3－49　云平台参与物联网的方式 21**

## 四、云平台承接于传感网络管理平台和管理平台

云平台承接于物联网的两个功能平台是云平台参与物联网的方式之一。在云平台承接于物联网的传感网络平台和管理平台时，云平台成为物联网的一部分，为物联网提供网内云计算资源，物联网的传感网络管理平台、管理平台被云平台承接。在实际应用中，云平台承接于传感网络管理平台和管理平台的物联网，其传感云平台、网内管理云平台、服务平台还可外接云平台，形成网外云平台参与物联网信息运行的形式。

云平台承接于传感网络管理平台和管理平台时，存在 7 种网外云平台参与物联网的形式。

1. 云平台参与物联网的方式 22

在图 3－50 中，云平台承接于物联网的传感网络管理平台和管理平台，为物联网提供网内云计算，网内管理云平台、服务平台无网外云平台连接。此时，物联网的网内传感云平台连接有网外传感云平台。

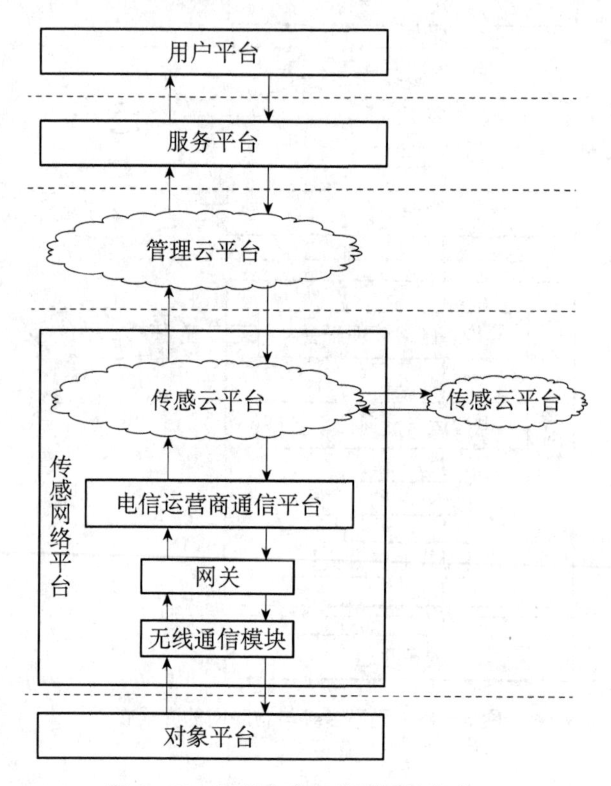


**图 3-50　云平台参与物联网的方式 22**

在云平台参与物联网的方式 22 中，网外的传感云平台通过三种方式参与物联网信息的运行。

(1) 物联网的网内传感云平台的计算能力可以满足物联网对信息的计算处理要求，但需要获得外界信息来辅助计算。此时，网外传感云平台是物联网外界信息的提供者。

(2) 物联网的网内传感云平台的计算能力无法满足物联网对信息计算处理的要求，需由网外的传感云平台提供额外的计算资源。此时，网外传感云平台代替网内传感云平台对物联网信息进行云计算。

(3) 物联网传感云平台的计算能力能够满足物联网对信息的计算处理要求，无须外界信息辅助计算，网外的传感云平台既不提供计算资源，也不提供信息资源，只是按照既定的规则（得到信息拥有者的授权）接收物联网网内传感云平台提供的物联网信息，为其他物联网运行提供信息支持。

2. 云平台参与物联网的方式 23

在图 3－51 中，云平台承接于物联网的传感网络管理平台和管理平台，为物联网提供网内云计算，网内传感云平台和服务平台无网外云平台连接。此时，物联网的网内管理云平台连接有网外管理云平台。

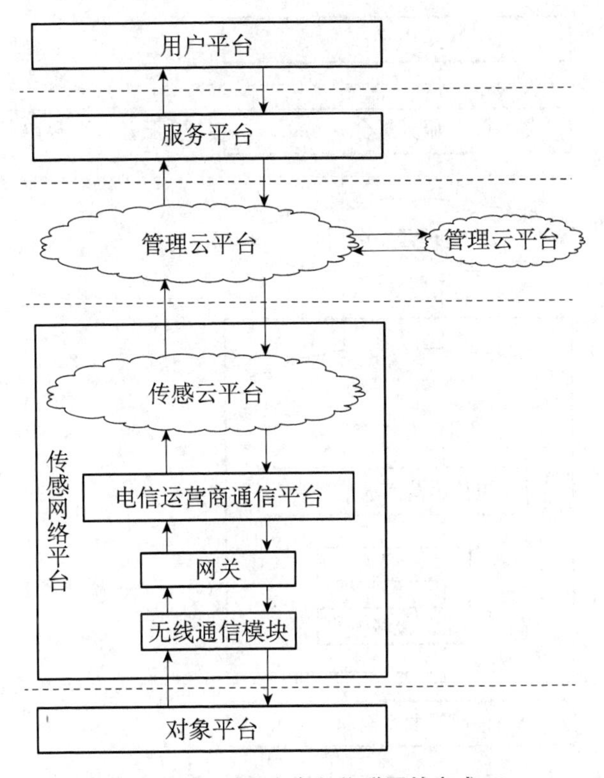


**图 3－51　云平台参与物联网的方式 23**

在云平台参与物联网的方式 23 中，网外的管理云平台通过三种方式参与物联网信息的运行。

（1）物联网的网内管理云平台的计算能力在外界信息的辅助下可以满足物联网对信息的计算处理要求。此时，网外管理云平台是物联网外界信息的提供者。

（2）物联网的网内管理云平台的计算能力无法满足物联网对信息计算处理的要求。此时，网外管理云平台代替网内管理云平台对物联网信息进行云计算。

（3）物联网的网内管理云平台的计算能力可以满足物联网对信息的计算处理要求，无须外界信息辅助计算。网外的管理云平台既不提供计算资源，也不提供信息资源，只是按照既定的规则（得到物联网信息拥有者的授权）接收物联网网内管理云平台提供的信息，为其他物联网运行提供信息支持。

3. 云平台参与物联网的方式 24

在图 3-52 中，云平台承接于物联网的传感网络管理平台和管理平台，为物联网提供网内云计算。此时，物联网的服务平台连接有网外服务云平台。

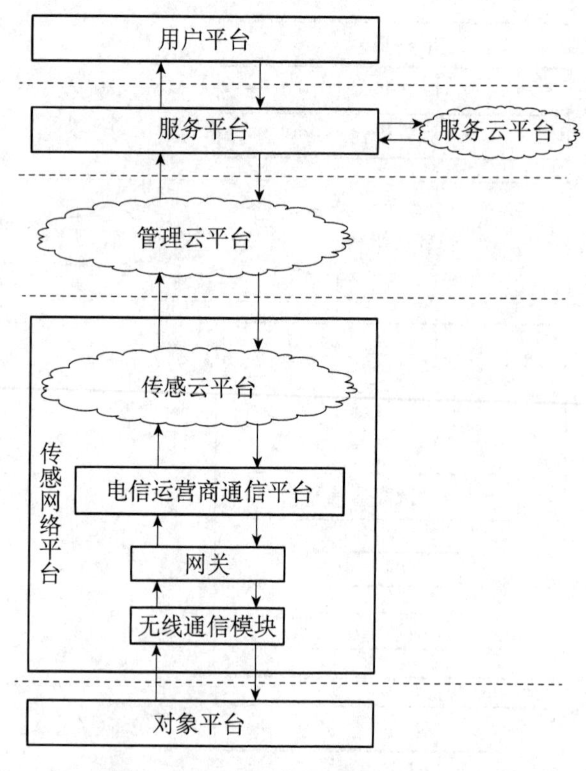


**图 3-52　云平台参与物联网的方式 24**

在云平台参与物联网的方式 24 中，物联网的服务平台连接有网外服务云平台，网内传感云平台和网内管理云平台无网外云平台连接。网外服务云平台通过三种方式参与物联网信息的运行。

（1）物联网服务平台的物计算能力在外界信息的辅助下可以满足物联网对信息的计算处理要求。此时，网外服务云平台是物联网外界信息的提供者。

（2）物联网服务平台的物计算能力无法满足物联网对信息的计算处理要求，需由网外服务云平台提供云计算资源。此时，网外服务云平台代替服务平台对物联网信息进行云计算。

（3）物联网服务平台的计算能力可以满足物联网对信息的计算处理要求，无

须外界信息辅助计算。网外服务云平台既不提供计算资源，也不提供信息资源，只是按照既定的规则（得到物联网信息拥有者的授权）接收物联网服务平台提供的信息，为其他物联网运行提供信息支持。

4. 云平台参与物联网的方式 25

在图 3-53 中，云平台承接于物联网的传感网络管理平台和管理平台，为物联网提供网内云计算。此时，物联网的传感云平台和管理云平台连接有网外云平台，服务平台无网外云平台连接。

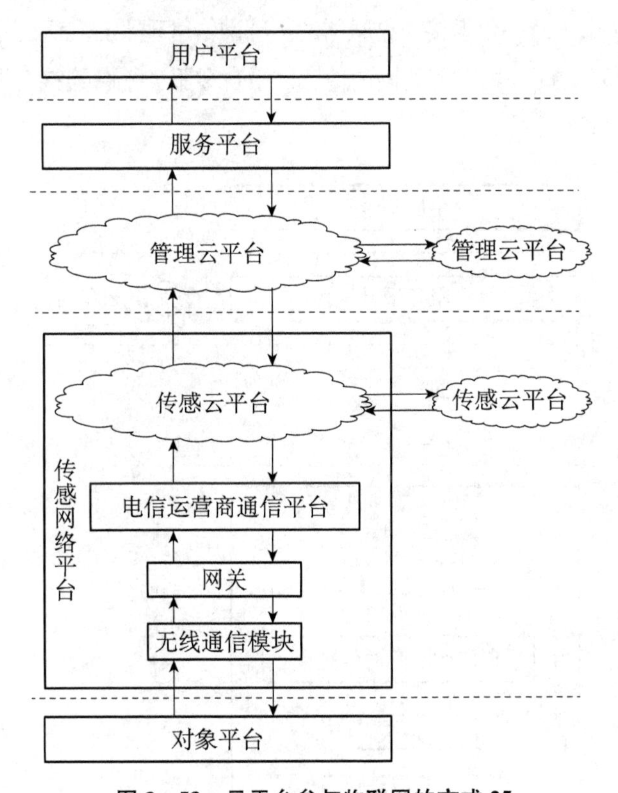


**图 3-53 云平台参与物联网的方式 25**

在云平台参与物联网的方式 25 中，网外云平台通过三种方式参与物联网信息的运行。

（1）物联网的网内传感云平台和管理云平台的云计算能力在外界信息的辅助下可以满足物联网对信息的计算处理要求。此时，网外云平台是物联网外界信息的提供者。

（2）物联网网内传感云平台和管理云平台的云计算能力无法满足物联网对信

息的计算处理要求，需由网外云平台提供云计算资源。此时，网外云平台代替网内云平台对物联网信息进行云计算。

（3）物联网网内传感云平台和管理云平台的云计算能力可以满足物联网对信息的计算处理要求，无须外界信息辅助计算。网外云平台既不提供计算资源，也不提供信息资源，只是按照既定的规则（得到物联网信息拥有者的授权）接收物联网提供的信息，为其他物联网运行提供信息支持。

5. 云平台参与物联网的方式 26

在图 3－54 中，云平台承接于物联网的传感网络管理平台和管理平台，为物联网提供网内云计算。此时，物联网的网内传感云平台和服务平台连接有网外云平台，管理平台无网外云平台连接。

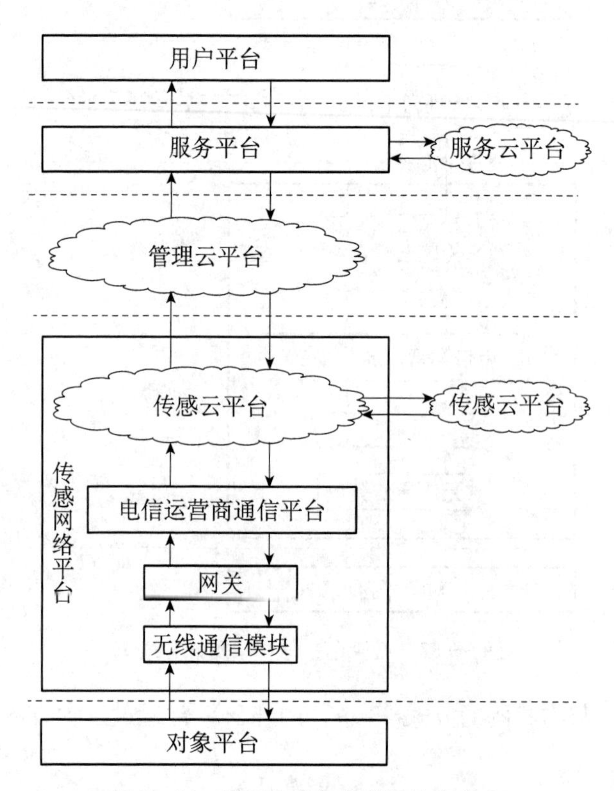


**图 3－54　云平台参与物联网的方式 26**

在云平台参与物联网的方式 26 中，网外云平台通过三种方式参与物联网信息的运行。

（1）物联网网内传感云平台和服务平台的计算能力在外界信息的辅助下可以

满足物联网对信息的计算处理要求。此时，网外云平台是物联网外界信息的提供者，为物联网提供计算所需的辅助信息。

(2) 物联网网内传感云平台和服务平台的计算能力无法满足物联网对信息的计算处理要求，需由网外云平台提供云计算资源。此时，网外云平台代替网内传感云平台和服务平台对物联网信息进行计算。

(3) 物联网网内传感云平台和服务平台的计算能力可以满足物联网对信息的计算处理要求，无须外界信息辅助计算。网外云平台既不提供计算资源，也不提供信息资源，只是按照既定的规则（得到物联网信息拥有者的授权）接收物联网提供的信息，为其他物联网运行提供信息支持。

6. 云平台参与物联网的方式27

在图3-55中，云平台承接于物联网的传感网络管理平台和管理平台，为物联网提供网内云计算。此时，物联网的网内管理云平台和服务平台连接有网外云平台，网内传感云平台无网外传感云平台连接。

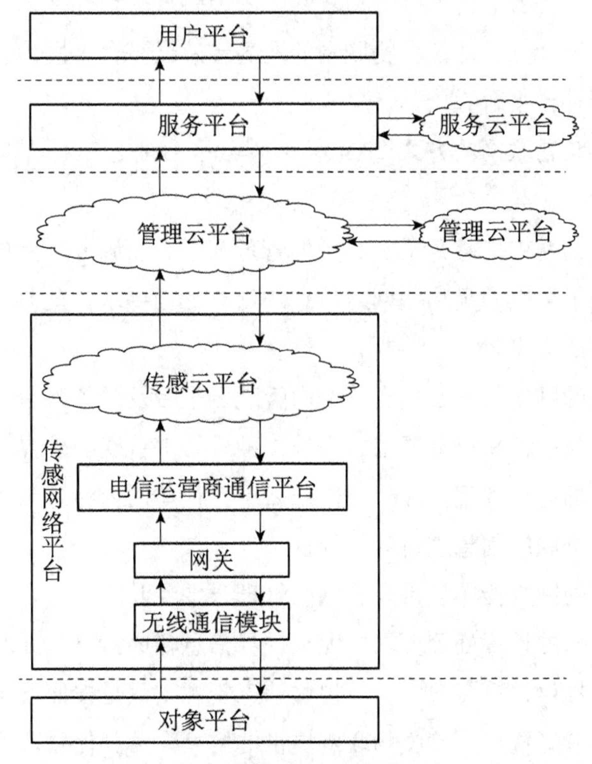


图3-55　云平台参与物联网的方式27

在云平台参与物联网的方式 27 中，网外云平台通过三种方式参与物联网信息的运行。

（1）物联网网内管理云平台和服务平台的计算能力在外界信息的辅助下可以满足物联网对信息的计算处理要求。此时，网外云平台是物联网外界信息的提供者，为物联网提供计算所需的辅助信息。

（2）物联网网内管理云平台和服务平台的计算能力无法满足物联网对信息的计算处理要求，需由网外云平台提供云计算资源。此时，网外云平台代替网内云平台对物联网信息进行云计算。

（3）物联网网内管理云平台和服务平台的计算能力可以满足物联网对信息的计算处理要求，无须外界信息辅助计算。网外云平台既不提供计算资源，也不提供信息资源，只是按照既定的规则（得到物联网信息拥有者的授权）接收物联网提供的信息，为其他物联网运行提供信息支持。

7. 云平台参与物联网的方式 28

在图 3－56 中，云平台承接于物联网网内传感云平台和网内管理云平台，为物联网提供网内云计算。此时，物联网的网内传感云平台、网内管理云平台及服务平台连接有网外云平台。

在云平台参与物联网的方式 28 中，网外云平台通过三种方式参与物联网信息的运行。

（1）物联网的网内传感云平台、网内管理云平台及服务平台的计算能力，在外界信息的辅助下可以满足物联网对信息的计算处理要求。此时，网外云平台是物联网外界信息的提供者。

（2）物联网的网内传感云平台、网内管理云平台及服务平台的计算能力无法满足物联网对信息的计算处理要求，需外接网外云平台获得外界云计算资源，实现对物联网信息的计算处理。此时，网外云平台代替网内传感云平台、管理云平台及服务平台对物联网信息进行计算处理。

（3）物联网的网内传感云平台、网内管理云平台及服务平台的计算能力可以满足物联网对信息的计算处理要求，无须外界信息辅助计算。此时物联网连接的网外云平台既不提供计算资源，也不提供信息资源，只是按照既定的规则（得到物联网的信息拥有者授权）接收物联网提供的信息，为其他物联网运行提供信息支持。

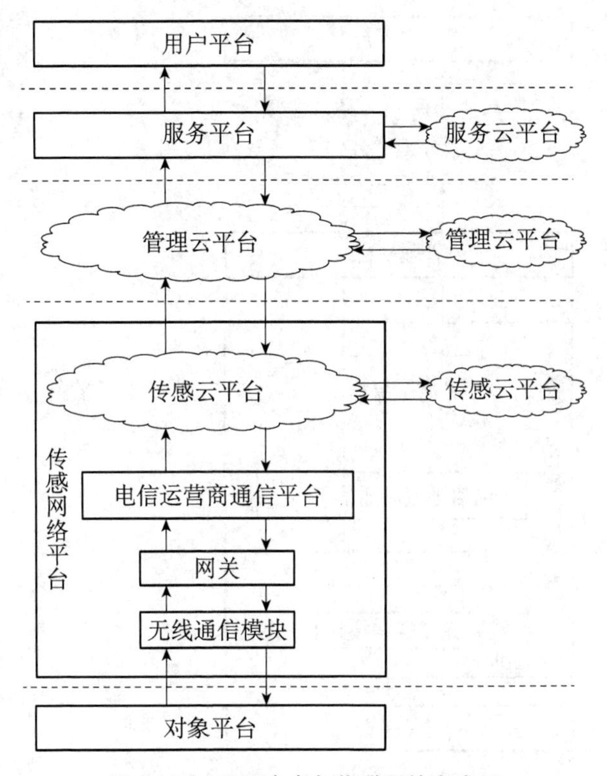


**图 3-56　云平台参与物联网的方式 28**

## 五、云平台承接于传感网络管理平台和服务平台

云平台承接于物联网的传感网络平台和服务平台时，云平台成为物联网的一部分，为物联网提供网内云计算资源，物联网的传感网络管理平台、管理平台被云平台承接。在实际应用中，云平台承接于传感网络管理平台和服务平台的物联网，其传感云平台、管理平台、服务云平台还可外接云平台，形成多种网外云平台参与物联网信息运行的形式。

云平台承接于传感网络管理平台和服务平台时，存在 7 种网外云平台参与物联网的形式。

1. 云平台参与物联网的方式 29

在图 3-57 中，云平台承接于物联网的传感网络管理平台和服务平台，为物联网提供网内云计算。此时，物联网网内传感云平台连接有网外传感云平台，管理平台和网内服务云平台无网外云平台连接。

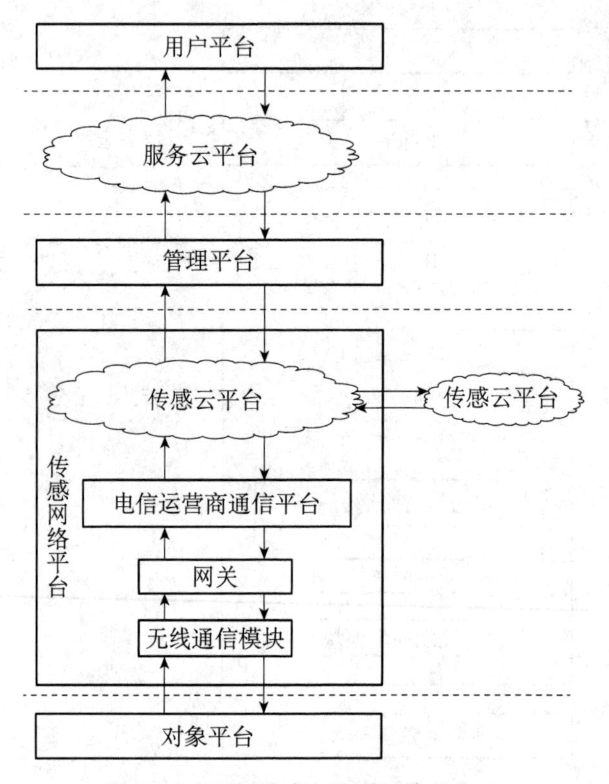


**图 3－57　云平台参与物联网的方式 29**

在云平台参与物联网的方式 29 中，网外的传感云平台通过三种方式参与物联网信息的运行。

（1）物联网网内传感云平台的计算能力在外界信息辅助下可以满足物联网对信息的计算处理要求。此时，网外传感云平台是外界信息的提供者。

（2）物联网的网内传感云平台的计算能力无法满足物联网对信息计算处理的要求，需由网外的传感云平台提供云计算资源。此时，网外传感云平台代替网内传感云平台对物联网信息进行云计算。

（3）物联网传感云平台的计算能力能够满足物联网对信息的计算处理要求，无须外界信息辅助计算，网外的传感云平台既不提供计算资源，也不提供信息资源，只是按照既定的规则（得到物联网信息拥有者的授权）接收物联网网内传感云平台提供的信息，为其他物联网运行提供信息支持。

2. 云平台参与物联网的方式 30

在图 3－58 中，云平台承接于物联网的传感网络管理平台和服务平台，为物

联网提供网内云计算。此时，物联网的管理平台连接有网外管理云平台，网内传感云平台和网内服务云平台无网外云平台连接。

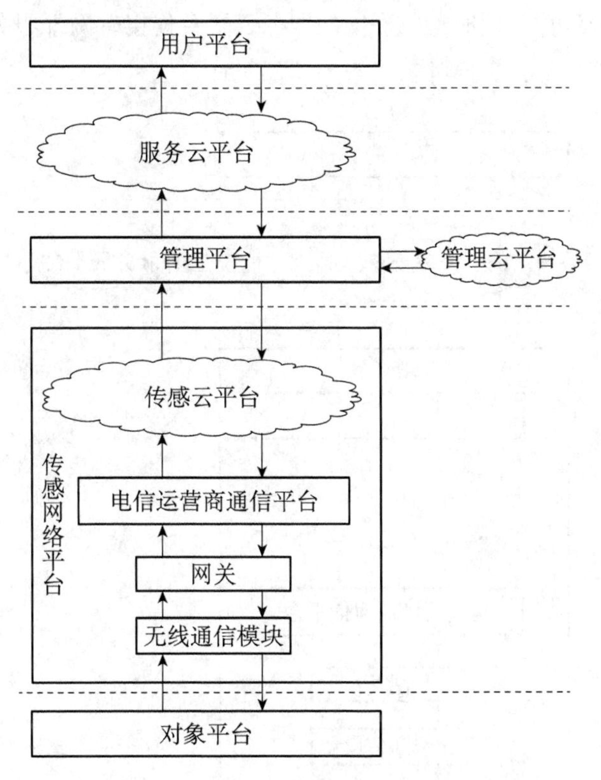


**图 3-58　云平台参与物联网的方式 30**

在云平台参与物联网的方式 30 中，网外管理云平台通过三种方式参与物联网信息的运行。

（1）物联网管理平台的物计算能力在外界信息辅助下可以满足物联网对信息的计算处理要求。此时，网外管理云平台是物联网外界信息的提供者。

（2）物联网的管理平台的物计算能力无法满足物联网对信息的计算处理要求，需由网外的管理云平台提供云计算资源。此时，网外管理云平台代替管理平台对物联网信息进行云计算。

（3）物联网管理平台的物计算能力可以满足物联网对信息的计算处理要求，同时无须外界信息辅助计算，网外管理云平台既不提供计算资源，也不提供信息资源，只是按照既定的规则（得到物联网信息拥有者的授权）接收物联网管理平台提供的信息，为其他物联网运行提供信息支持。

3. 云平台参与物联网的方式 31

在图 3－59 中，云平台承接于物联网的传感网络管理平台和服务平台，为物联网提供网内云计算。此时，物联网的服务云平台连接有网外服务云平台，网内传感云平台和管理平台无网外云平台连接。

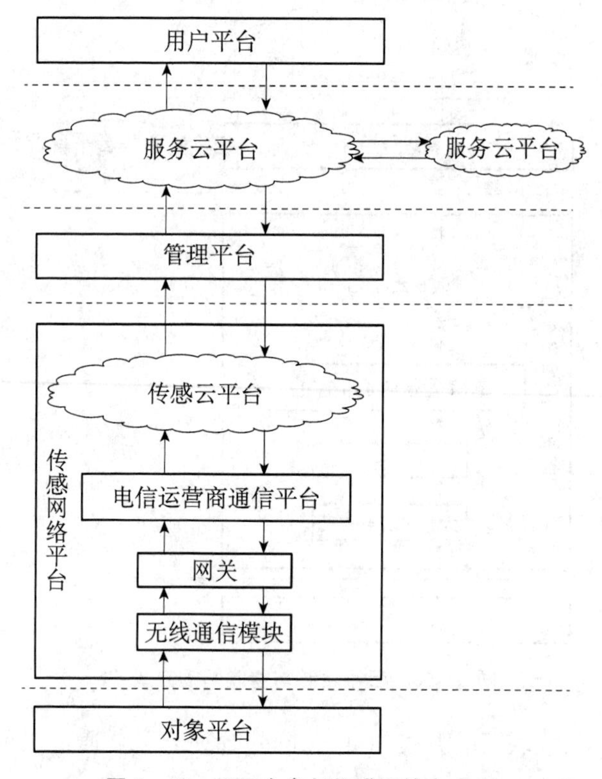


**图 3－59　云平台参与物联网的方式 31**

在云平台参与物联网的方式 31 中，网外服务云平台通过三种方式参与物联网信息的运行。

(1) 物联网网内服务云平台的计算能力在外界信息辅助下可以满足物联网对信息的计算处理要求。此时，网外服务云平台是物联网外界信息的提供者。

(2) 物联网网内服务云平台的计算能力无法满足物联网对信息的计算处理要求，需由网外服务云平台提供云计算资源。此时，网外服务云平台代替网内服务云平台对物联网信息进行云计算。

(3) 物联网网内服务云平台的计算能力可以满足物联网对信息的计算处理要求，无须外界信息辅助计算，网外服务云平台既不向物联网提供计算资源，也不提供信息资源，只是按照既定的规则（得到物联网信息拥有者的授权）接收物联网管理平台提供的信息，为其他物联网运行提供信息支持。

4. 云平台参与物联网的方式 32

在图 3-60 中，云平台承接于物联网的传感网络管理平台和服务平台，为物联网提供网内云计算。此时，物联网的网内传感云平台和管理平台连接有网外服务云平台，网内服务云平台无网外云平台连接。

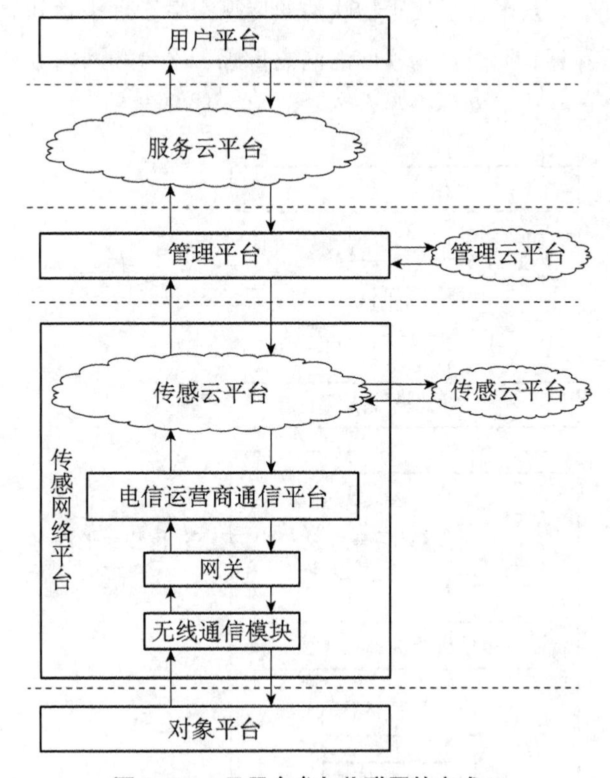


**图 3-60　云平台参与物联网的方式 32**

在云平台参与物联网的方式 32 中，网外云平台通过三种方式参与物联网信息的运行。

（1）物联网网内传感云平台和管理平台的计算能力在外界信息的辅助下可以满足物联网对信息的计算处理要求。此时，网外云平台是物联网外界信息的提供者。

（2）物联网网内传感云平台和管理平台的计算能力无法满足物联网对信息的计算处理要求，需由网外云平台提供云计算资源。此时，网外云平台代替网内云平台对物联网信息进行云计算。

(3) 物联网网内传感云平台和管理平台的计算能力可以满足物联网对信息的计算处理要求，无须外界信息辅助计算。网外云平台既不提供计算资源，也不提供信息资源，只是按照既定的规则（得到物联网信息拥有者的授权）接收物联网提供的信息，为其他物联网运行提供信息支持。

5. 云平台参与物联网的方式 33

在图 3-61 中，云平台承接于物联网的传感网络管理平台和服务平台，为物联网提供网内云计算。此时，物联网的网内传感云平台和网内服务云平台连接有网外云平台，管理平台无网外云平台连接。

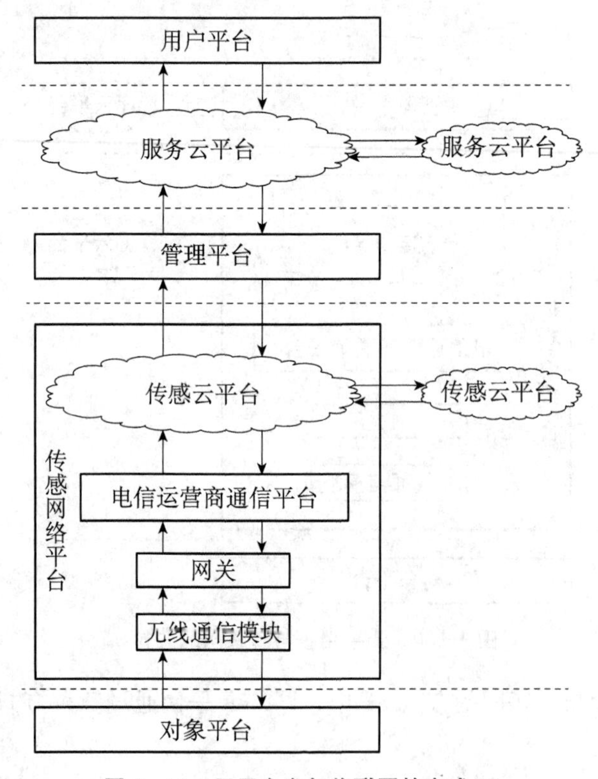


**图 3-61　云平台参与物联网的方式 33**

在云平台参与物联网的方式 33 中，网外云平台通过三种方式参与物联网信息的运行。

(1) 物联网网内传感云平台和网内服务平台的计算能力在外界信息的辅助下可以满足物联网对信息的计算处理要求。此时，网外云平台是物联网外界信息的提供者。

（2）物联网网内传感云平台和网内服务云平台的计算能力无法满足物联网对信息的计算处理要求，需由网外云平台提供云计算资源。此时，网外云平台代替网内云平台对物联网信息进行云计算。

（3）物联网网内传感云平台和网内服务云平台的云计算能力可以满足物联网对信息的计算处理要求，无须外界信息辅助计算。网外云平台既不提供计算资源，也不提供信息资源，只是按照既定的规则（得到物联网信息拥有者的授权）接收物联网提供的信息，为其他物联网运行提供信息支持。

6. 云平台参与物联网的方式 34

在图 3-62 中，云平台承接于物联网的传感网络管理平台和服务平台，为物联网提供网内云计算。此时，物联网的管理平台和网内服务云平台连接有网外云平台，网内传感云平台无网外云平台连接。

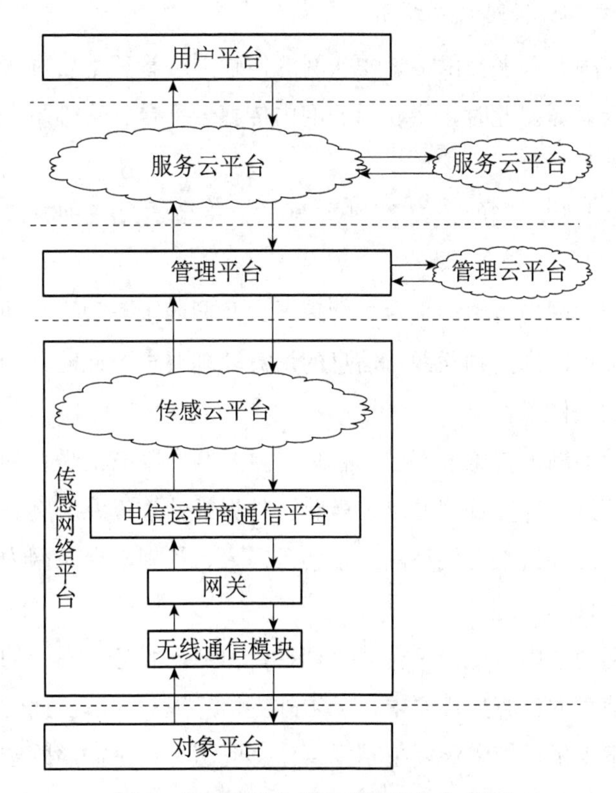


**图 3-62　云平台参与物联网的方式 34**

在云平台参与物联网的方式 34 中，网外云平台通过三种方式参与物联网信息的运行。

(1) 物联网的管理平台和网内服务平台的计算能力在外界信息的辅助下可以满足物联网对信息的计算处理要求。此时，网外云平台是物联网外界信息的提供者。

(2) 物联网管理平台和网内服务云平台的计算能力无法满足物联网对信息的计算处理要求，需由网外云平台提供云计算资源。此时，网外云平台代替网内云平台对物联网信息进行云计算。

(3) 物联网管理平台和网内服务云平台的云计算能力可以满足物联网对信息的计算处理要求，无须外界信息辅助计算。网外云平台既不提供计算资源，也不提供信息资源，只是按照既定的规则（得到物联网信息拥有者的授权）接收物联网提供的信息，为其他物联网运行提供信息支持。

7. 云平台参与物联网的方式 35

在图 3-63 中，云平台承接于物联网的传感网络管理平台和服务平台，为物联网提供网内云计算。此时，物联网的网内传感云平台、管理平台及网内服务云平台连接有网外云平台。

在云平台参与物联网的方式 35 中，网外云平台通过三种方式参与物联网信息的运行。

(1) 物联网的网内传感云平台、管理平台及网内服务云平台的计算能力在外界信息的辅助下可以满足物联网对信息的计算处理要求。此时，网外云平台是物联网外界信息的提供者。

(2) 物联网的网内传感云平台、管理平台及网内服务云平台的计算能力无法满足物联网对信息的计算处理要求，需获得外界云计算资源对物联网信息进行计算处理。此时，网外云平台代替网内传感云平台、管理平台及网内服务云平台对物联网信息进行计算处理。

(3) 物联网的网内传感云平台、管理平台及网内服务云平台的计算能力可以满足物联网对信息的计算处理要求，无须外界信息辅助计算。此时物联网连接的网外云平台既不提供计算资源，也不提供信息资源，只是按照既定的规则（得到物联网的信息拥有者授权）接收物联网提供的信息，为其他物联网运行提供信息支持。

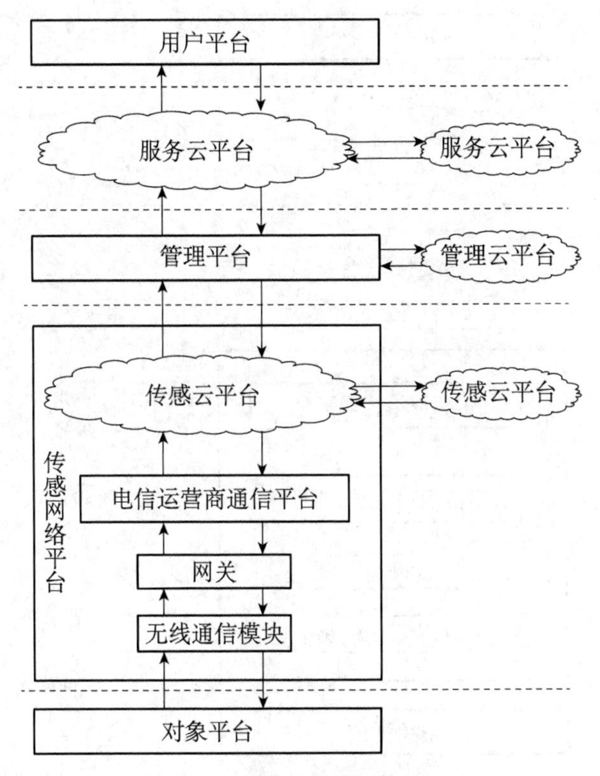


**图 3-63　云平台参与物联网的方式 35**

## 六、云平台承接于管理平台和服务平台

云平台承接于物联网的管理平台和服务平台时，云平台成为物联网的一部分，为物联网提供网内云计算资源。在实际应用中，云平台承接于管理平台和服务平台的物联网，其传感网络管理平台、管理云平台、服务云平台还可外接云平台，形成多种网外云平台参与物联网信息运行的形式。

云平台承接于管理平台和服务平台时，存在 7 种网外云平台参与物联网的形式。

1. 云平台参与物联网的方式 36

在图 3-64 中，云平台承接于物联网的管理平台和服务平台，为物联网提供网内云计算。此时，物联网传感网络管理平台连接有网外传感云平台，网内管理云平台和网内服务云平台无网外云平台连接。

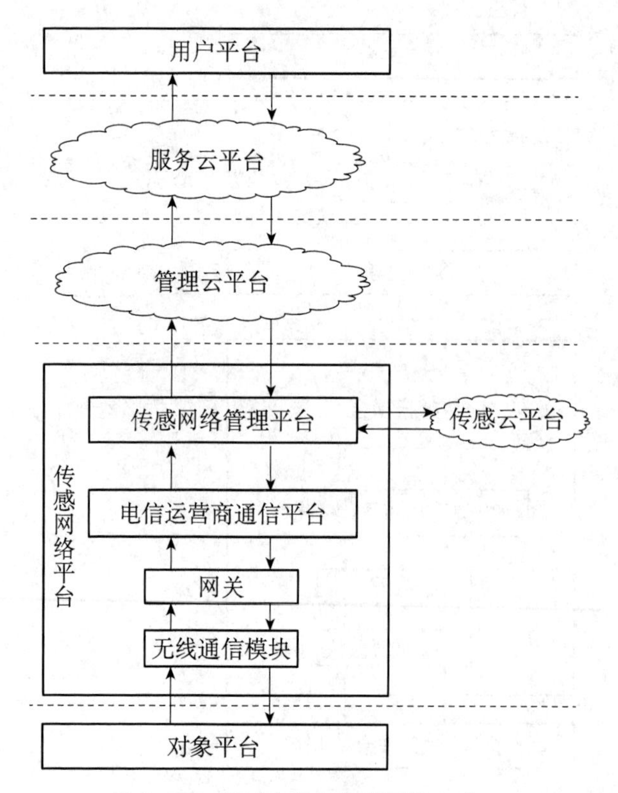


**图 3－64　云平台参与物联网的方式 36**

在云平台参与物联网的方式 36 中，网外的传感云平台通过三种方式参与物联网信息的运行。

（1）物联网传感网络管理平台的物计算能力在外界信息辅助下可以满足物联网对信息的计算处理要求。此时，网外传感云平台是外界信息的提供者。

（2）物联网传感网络管理平台的物计算能力无法满足物联网对信息计算处理的要求，需由网外的传感云平台提供云计算资源。此时，网外传感云平台代替传感网络管理平台对物联网信息进行云计算。

（3）物联网传感网络管理平台的物计算能力能够满足物联网对信息的计算处理要求，无须外界信息辅助计算，网外的传感云平台既不提供计算资源，也不提供信息资源，只是按照既定的规则（得到物联网信息拥有者的授权）接收物联网传感网络管理平台提供的信息，为其他物联网运行提供信息支持。

2. 云平台参与物联网的方式 37

在图 3－65 中，云平台承接于物联网的管理平台和服务平台，为物联网提供网内云计算。此时，物联网网内管理云平台连接有网外管理云平台，传感网络管理平台和网内服务云平台无网外云平台连接。

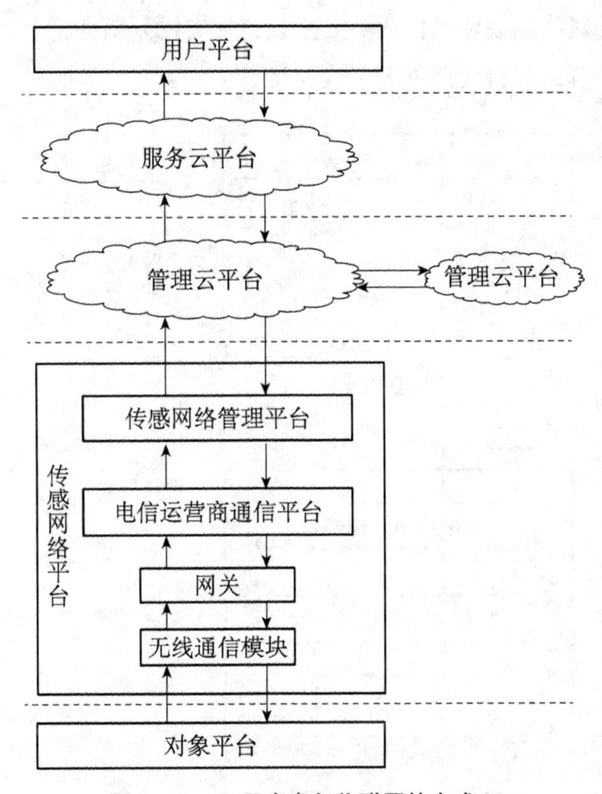


**图 3-65　云平台参与物联网的方式 37**

在云平台参与物联网的方式 37 中，网外管理云平台通过三种方式参与物联网信息的运行。

（1）物联网网内管理云平台的计算能力在外界信息辅助下可以满足物联网对信息的计算处理要求。此时，网外管理云平台是外界信息的提供者。

（2）物联网网内管理云平台的计算能力无法满足物联网对信息计算处理的要求，需由网外的管理云平台提供云计算资源。此时，网外管理云平台代替网内管理云平台对物联网信息进行云计算。

（3）物联网网内管理云平台的计算能力能够满足物联网对信息的计算处理要求，同时无须外界信息辅助计算，网外管理云平台既不提供计算资源，也不提供信息资源，只是按照既定的规则（得到物联网信息拥有者的授权）接收物联网网内管理云平台提供的信息，为其他物联网运行提供信息支持。

3. 云平台参与物联网的方式38

在图3-66中，云平台承接于物联网的管理平台和服务平台，为物联网提供网内云计算。此时，物联网网内服务云平台连接有网外服务云平台，传感网络管理平台和网内管理云平台无网外云平台连接。

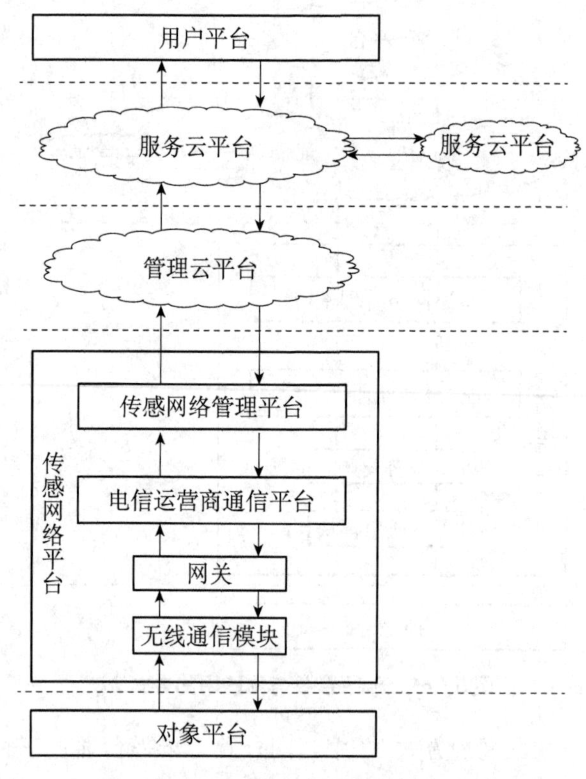


**图3-66　云平台参与物联网的方式38**

在云平台参与物联网的方式38中，网外服务云平台通过三种方式参与物联网信息的运行。

（1）物联网网内服务云平台的计算能力在外界信息辅助下可以满足物联网对信息的计算处理要求。此时，网外服务云平台是外界信息的提供者。

（2）物联网网内服务云平台的计算能力无法满足物联网对信息计算处理的要求，需由网外服务云平台提供云计算资源。此时，网外服务云平台代替网内服务云平台对物联网信息进行云计算。

（3）物联网网内服务云平台的计算能力能够满足物联网对信息的计算处理要求，同时无须外界信息辅助计算，网外服务云平台既不提供计算资源，也不提供

信息资源，只是按照既定的规则（得到物联网信息拥有者的授权）接收物联网网内管理云平台提供的信息，为其他物联网运行提供信息支持。

4. 云平台参与物联网的方式 39

在图 3-67 中，云平台承接于物联网的管理平台和服务平台，为物联网提供网内云计算。此时，物联网的传感网络管理平台和网内管理云平台连接有网外云平台，网内服务云平台无网外云平台连接。

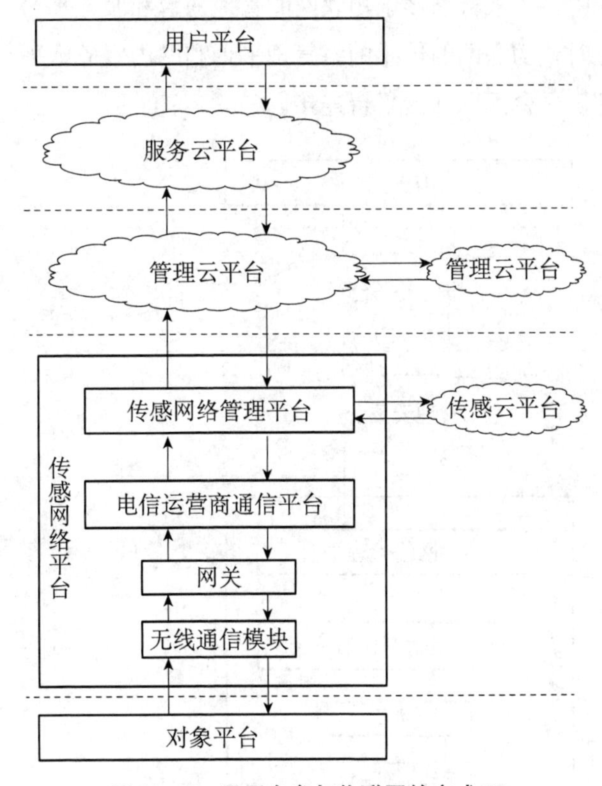


**图 3-67　云平台参与物联网的方式 39**

在云平台参与物联网的方式 39 中，网外云平台通过三种方式参与物联网信息的运行。

(1) 在外界信息的辅助下，物联网传感网络管理平台和网内管理云平台的计算能力可以满足物联网对信息的计算处理要求。此时，网外云平台是物联网外界信息的提供者。

(2) 物联网传感网络管理平台和网内管理云平台的计算能力无法满足物联网对信息的计算处理要求，需由网外云平台提供云计算资源。此时，网外云平台代替传感网络管理平台及网内管理云平台对物联网信息进行云计算。

（3）物联网传感网络管理平台和网内管理云平台的云计算能力可以满足物联网对信息的计算处理要求，无须外界信息辅助计算。网外云平台既不提供计算资源，也不提供信息资源，只是按照既定的规则（得到物联网信息拥有者的授权）接收物联网提供的信息，为其他物联网运行提供信息支持。

5. 云平台参与物联网的方式 40

在图 3-68 中，云平台承接于物联网的管理平台和服务平台，为物联网提供网内云计算。此时，物联网的传感网络管理平台和网内服务云平台连接有网外云平台，网内管理云平台无网外云平台连接。

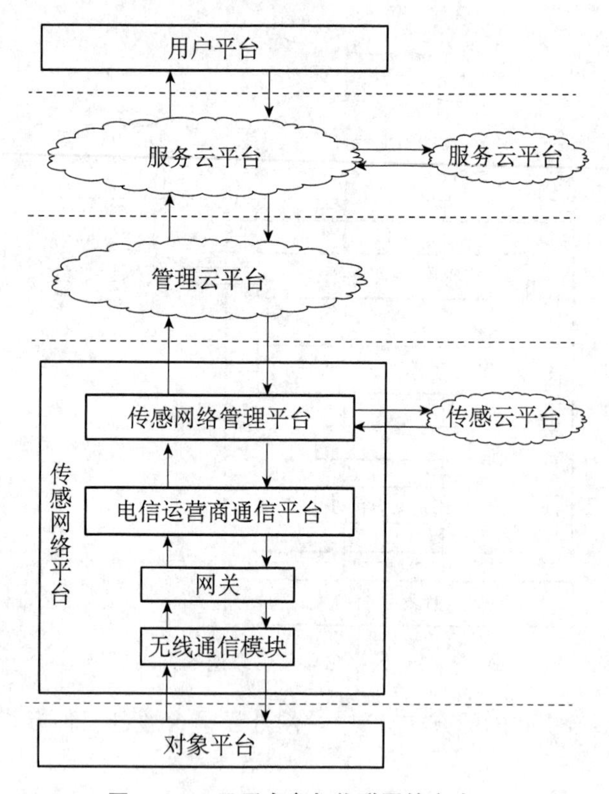


**图 3-68　云平台参与物联网的方式 40**

在云平台参与物联网的方式 40 中，网外云平台通过三种方式参与物联网信息的运行。

（1）在外界信息的辅助下，物联网的传感网络管理平台和网内服务云平台的计算能力可以满足物联网对信息的计算处理要求。此时，网外云平台是物联网外

界信息的提供者。

（2）物联网的传感网络管理平台和网内服务云平台的计算能力无法满足物联网对信息的计算处理要求，需由网外云平台提供云计算资源。此时，网外云平台代替网内云平台对物联网信息进行云计算。

（3）物联网的传感网络管理平台和网内服务云平台的计算能力可以满足物联网对信息的计算处理要求，无须外界信息辅助计算。网外云平台既不提供计算资源，也不提供信息资源，只是按照既定的规则（得到物联网信息拥有者的授权）接收物联网提供的信息，为其他物联网运行提供信息支持。

6. 云平台参与物联网的方式41

在图3-69中，云平台承接于物联网的管理平台和服务平台，为物联网提供网内云计算。此时，物联网网内管理云平台和网内服务云平台连接有网外云平台，传感网络管理平台无网外云平台连接。

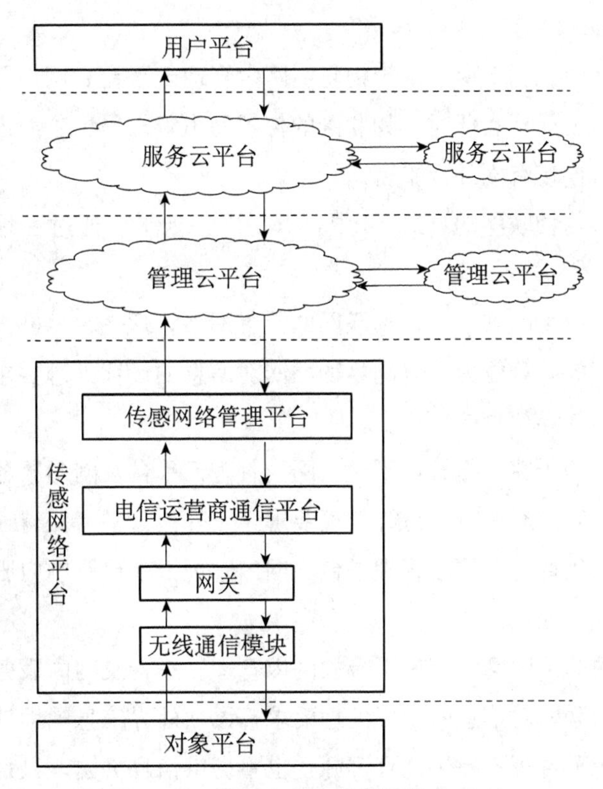


**图3-69 云平台参与物联网的方式41**

在云平台参与物联网的方式 41 中，网外云平台通过三种方式参与物联网信息的运行。

(1) 在外界信息的辅助下，物联网网内管理云平台和网内服务云平台的计算能力可以满足物联网对信息的计算处理要求。此时，网外云平台是物联网外界信息的提供者，为物联网提供计算所需的辅助信息。

(2) 物联网网内管理云平台和网内服务云平台的计算能力无法满足物联网对信息的计算处理要求，需由网外云平台提供云计算资源。此时，网外云平台代替网内云平台对物联网信息进行云计算。

(3) 物联网网内管理云平台和网内服务云平台的计算能力可以满足物联网对信息的计算处理要求，无须外界信息辅助计算。网外云平台既不提供计算资源，也不提供信息资源，只是按照既定的规则（得到物联网信息拥有者的授权）接收物联网提供的信息，为其他物联网运行提供信息支持。

7. 云平台参与物联网的方式 42

在图 3-70 中，云平台承接于物联网网内管理云平台和网内服务云平台，为物联网提供网内云计算。此时，物联网的传感网络管理平台、网内管理云平台及网内服务云平台连接有网外云平台。

在云平台参与物联网的方式 42 中，每一网外云平台通过三种方式参与物联网信息的运行。

(1) 在外界信息的辅助下，物联网的传感网络管理平台、网内管理云平台及网内服务云平台的计算能力可以满足物联网对信息的计算处理要求。此时，网外云平台是物联网外界信息的提供者。

(2) 物联网的传感网络管理平台、网内管理云平台及网内服务云平台的计算能力无法满足物联网对信息的计算处理要求，需外接云平台获得云计算资源。此时，网外云平台代替传感网络管理平台、网内管理云平台及网内服务云平台对物联网信息进行计算处理。

(3) 物联网的传感网络管理平台、网内管理云平台及网内服务云平台的计算能力可以满足物联网对信息的计算处理要求，无须外界信息辅助计算。此时物联网连接的网外云平台既不提供计算资源，也不提供信息资源，只是按照既定的规则（得到物联网信息拥有者的授权）接收物联网提供的信息，为其他物联网运行提供信息支持。

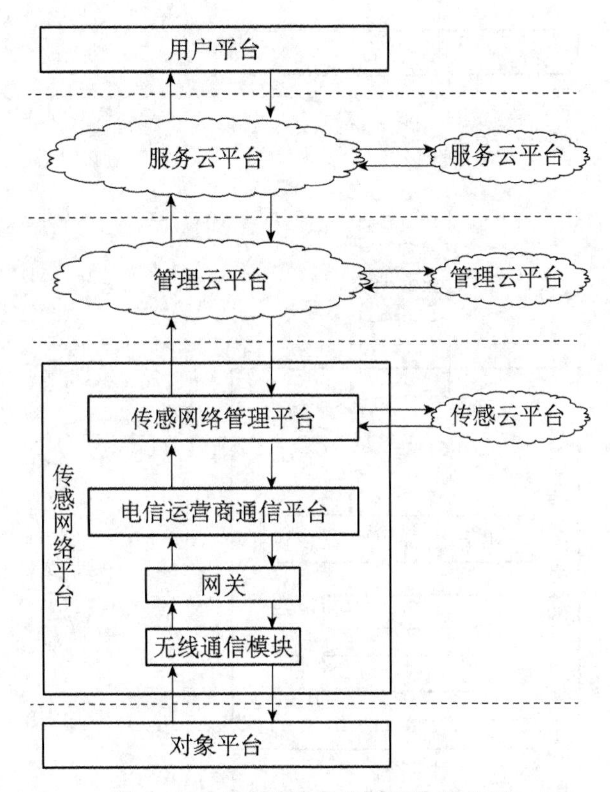


**图 3-70 云平台参与物联网的方式 42**

## 七、云平台承接于传感网络管理平台、管理平台及服务平台

云平台承接于物联网的传感网络管理平台、管理平台和服务平台时，云平台成为物联网的一部分，为物联网提供网内云计算资源。在实际应用中，物联网的传感云平台、管理云平台、服务云平台还可外接云平台，形成多种网外云平台参与物联网信息运行的形式。

云平台承接于传感网络管理平台、管理平台及服务平台时，存在 7 种网外云平台参与物联网的形式。

1. 云平台参与物联网的方式 43

在图 3-71 中，云平台承接于物联网的传感网络管理平台、管理平台和服务平台，为物联网提供网内云计算。此时，物联网网内传感云平台连接有网外传感云平台，网内管理云平台、网内服务云平台无网外云平台连接。

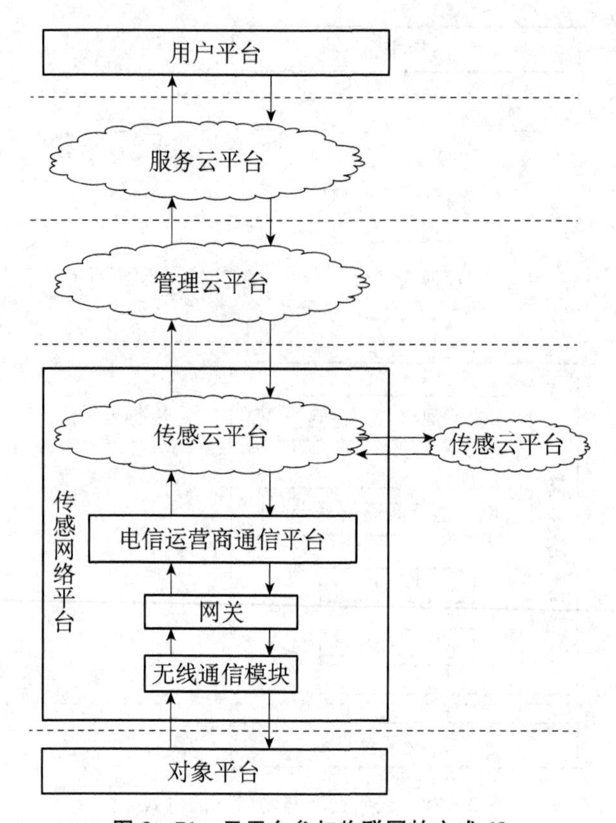


**图 3-71　云平台参与物联网的方式 43**

在云平台参与物联网的方式 43 中，网外的传感云平台通过三种方式参与物联网信息的运行。

（1）在外界信息的辅助下，物联网网内传感云平台的计算能力可以满足物联网对信息的计算处理要求。此时，网外传感云平台是物联网外界信息的提供者。

（2）物联网的网内传感云平台的计算能力无法满足物联网对信息计算处理的要求，需由网外的传感云平台提供额外的计算资源。此时，网外传感云平台代替网内传感云平台对物联网信息进行云计算。

（3）物联网传感云平台的计算能力能够满足要求，也无须外界信息辅助计算，网外的传感云平台既不提供计算资源，也不提供信息资源，只是按照既定的规则（得到物联网信息拥有者的授权）接收物联网网内传感云平台提供的信息，为其他物联网运行提供信息支持。

2. 云平台参与物联网的方式 44

在图 3-72 中，云平台承接于物联网的传感网络管理平台、管理平台和服务平台，为物联网提供网内云计算。此时，物联网网内管理云平台连接有网外管理云平台，网内传感云平台和网内服务云平台无网外云平台连接。

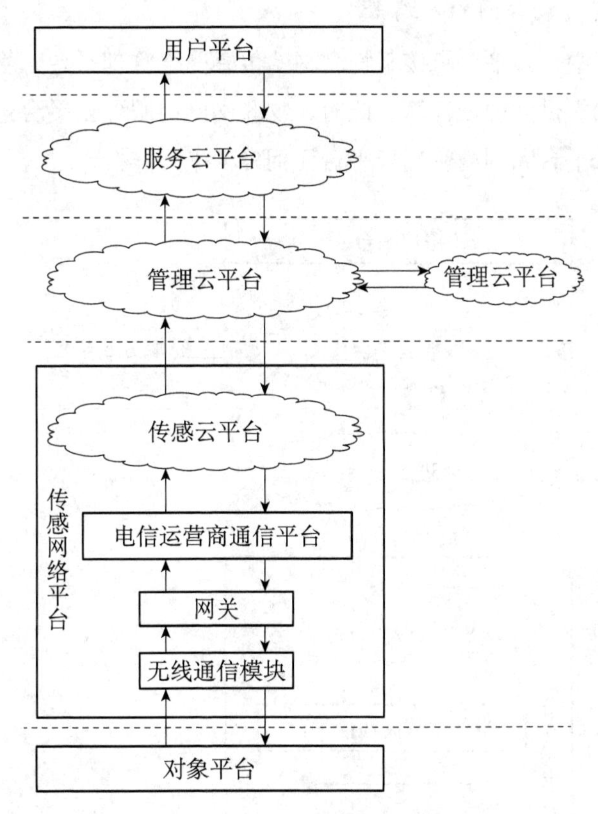


**图 3-72　云平台参与物联网的方式 44**

在云平台参与物联网的方式 44 中，网外管理云平台通过三种方式参与物联网信息的运行。

(1) 在外界信息的辅助下，物联网的网内管理云平台的计算能力可以满足物联网对信息的计算处理要求。此时，网外管理云平台是物联网外界信息的提供者。

(2) 物联网的网内管理云平台的计算能力无法满足物联网对信息的计算处理要求。此种情境下，网外管理云平台代替网内管理云平台对物联网信息进行云计算。

（3）物联网管理云平台的计算能力可以满足物联网对信息的计算处理要求，无须外界信息辅助计算。网外的管理云平台既不提供计算资源，也不提供信息资源，只是按照既定的规则（得到物联网信息拥有者的授权）接收物联网网内管理云平台提供的信息，为其他物联网运行提供信息支持。

3. 云平台参与物联网的方式 45

在图 3－73 中，云平台承接于物联网的传感网络管理平台、管理平台和服务平台，为物联网提供网内云计算。此时，物联网网内服务云平台连接有网外云平台，网内传感云平台和网内管理云平台无网外云平台连接。

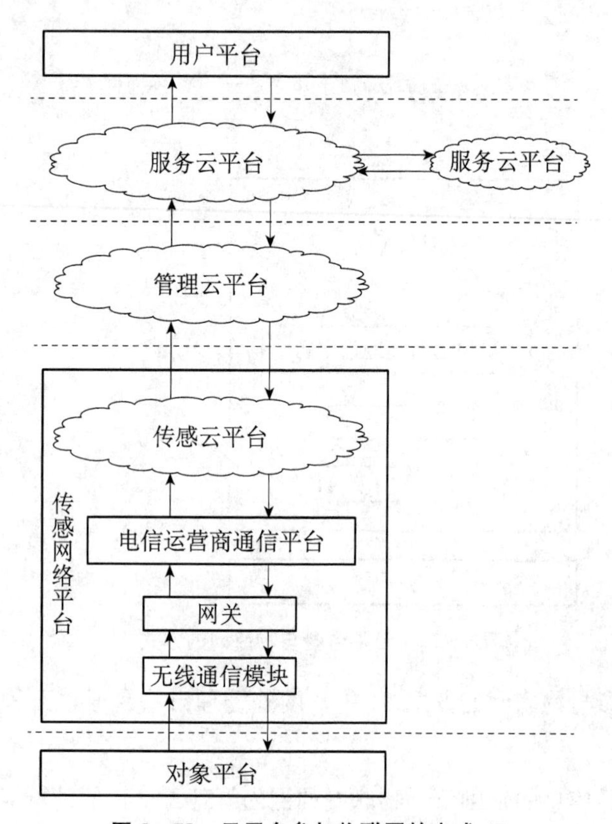


**图 3－73　云平台参与物联网的方式 45**

在云平台参与物联网的方式 45 中，网外服务云平台通过三种方式参与物联网信息的运行。

（1）在外界信息的辅助下，物联网网内服务云平台的计算能力可以满足物联网对信息的计算要求。此时，网外服务云平台是物联网外界信息的提供者。

（2）物联网网内服务云平台的计算能力无法满足物联网对信息的计算处理要求，需连接网外服务云平台获得云计算资源。此时，网外服务云平台代替网内服务云平台对物联网信息进行云计算。

（3）物联网网内服务云平台的计算能力可以满足物联网对信息的计算处理要求，无须外界信息来辅助计算。此时，网外服务云平台既不提供计算资源，也不提供信息资源，在拥有物联网信息拥有者授权的条件下，网外服务云平台按照既定的规则接收物联网信息，为其他物联网运行提供信息支持。

4. 云平台参与物联网的方式46

在图3-74中，云平台承接于物联网的传感网络管理平台、管理平台和服务平台，为物联网提供网内云计算。此时，物联网网内传感云平台和网内管理云平台连接有网外云平台，网内服务云平台无网外云平台连接。

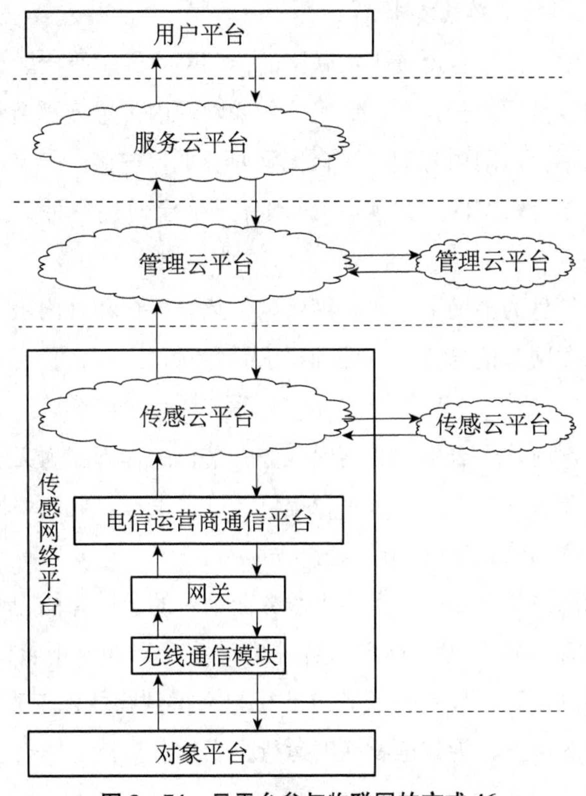

**图3-74　云平台参与物联网的方式46**

在云平台参与物联网的方式46中，网外云平台通过三种方式参与物联网信息的运行。

(1) 在外界信息的辅助下，物联网网内传感云平台和网内管理云平台的云计算能力可以满足物联网对信息的计算处理要求。此时，网外云平台是物联网外界信息的提供者。

(2) 物联网网内传感云平台和网内管理云平台的云计算能力无法满足物联网对信息的计算处理要求，需由网外云平台提供云计算资源。此时，网外云平台代替网内云平台对物联网信息进行云计算。

(3) 物联网网内传感云平台和网内管理云平台的云计算能力可以满足物联网对信息的计算处理要求，无须外界信息辅助计算。网外云平台既不提供计算资源，也不提供信息资源，只是按照既定的规则（得到物联网信息拥有者的授权）接收物联网提供的信息，为其他物联网运行提供信息支持。

5. 云平台参与物联网的方式 47

在图 3-75 中，云平台承接于物联网的传感网络管理平台、管理平台和服务平台，为物联网提供网内云计算。此时，物联网网内传感云平台和网内服务云平台连接有网外云平台，网内管理云平台无网外云平台连接。

在云平台参与物联网的方式 47 中，网外云平台通过三种方式参与物联网信息的运行。

(1) 在外界信息的辅助下，物联网网内传感云平台和网内服务云平台的计算能力可以满足物联网对信息的计算处理要求。此时，网外云平台是物联网外界信息的提供者。

(2) 物联网网内传感云平台和网内服务云平台的计算能力无法满足物联网对信息的计算处理要求，需由网外云平台提供云计算资源。此时，网外云平台代替网内云平台对物联网信息进行云计算。

(3) 物联网网内传感云平台和网内服务云平台的云计算能力可以满足物联网对信息的计算处理要求，无须外界信息辅助计算。网外云平台既不提供计算资源，也不提供信息资源，只是按照既定的规则（得到物联网信息拥有者的授权）接收物联网提供的信息，为其他物联网运行提供信息支持。

6. 云平台参与物联网的方式 48

在图 3-76 中，云平台承接于物联网的传感网络管理平台、管理平台和服务平台，为物联网提供网内云计算。此时，物联网网内管理云平台和网内服务云平

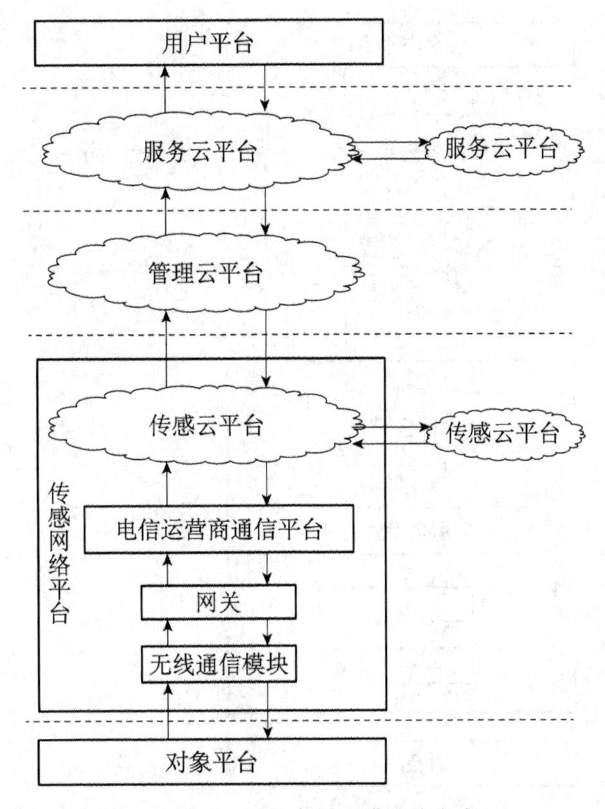


**图 3-75　云平台参与物联网的方式 47**

台连接有网外云平台，网内传感云平台无网外云平台连接。

在云平台参与物联网的方式 48 中，网外云平台通过三种方式参与物联网信息的运行。

（1）在外界信息的辅助下，物联网网内管理云平台和网内服务云平台的计算能力可以满足物联网对信息的计算处理要求。此时，网外云平台是物联网外界信息的提供者，为物联网提供计算所需的辅助信息。

（2）物联网网内管理云平台和网内服务云平台的计算能力无法满足物联网对信息的计算处理要求，需由网外云平台提供云计算资源。此时，网外云平台代替网内云平台对物联网信息进行云计算。

（3）物联网网内管理云平台和网内服务云平台的计算能力可以满足物联网对信息的计算处理要求，无须外界信息辅助计算。网外云平台既不提供计算资源，也不提供信息资源，只是按照既定的规则（得到物联网信息拥有者的授权）接收

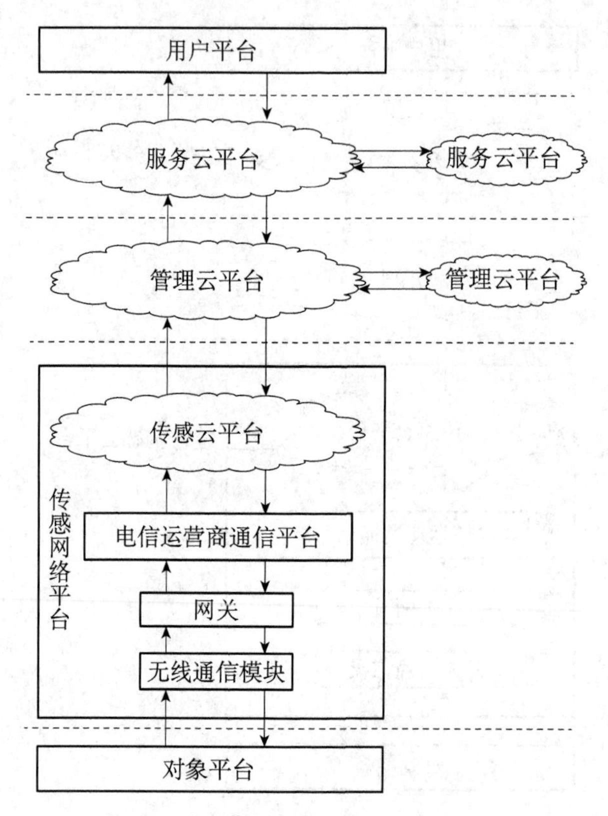


**图 3-76　云平台参与物联网的方式 48**

物联网提供的信息，为其他物联网运行提供信息支持。

7. 云平台参与物联网的方式 49

在图 3-77 中，云平台承接于物联网的传感网络管理平台、管理平台和服务平台，为物联网提供网内云计算。此时，物联网网内传感云平台、网内管理云平台和网内服务云平台连接有网外云平台。

在云平台参与物联网的方式 49 中，网外云平台通过三种方式参与物联网信息的运行。

(1) 在外界信息的辅助下，物联网网内云平台的计算能力可以满足物联网对信息的计算处理要求。此时，网外云平台是物联网外界信息的提供者。

(2) 物联网网内云平台的计算能力无法满足物联网对信息的计算处理要求，需外接云平台获得云计算资源。此时，网外云平台代替网内云平台对物联网信息进行计算处理。

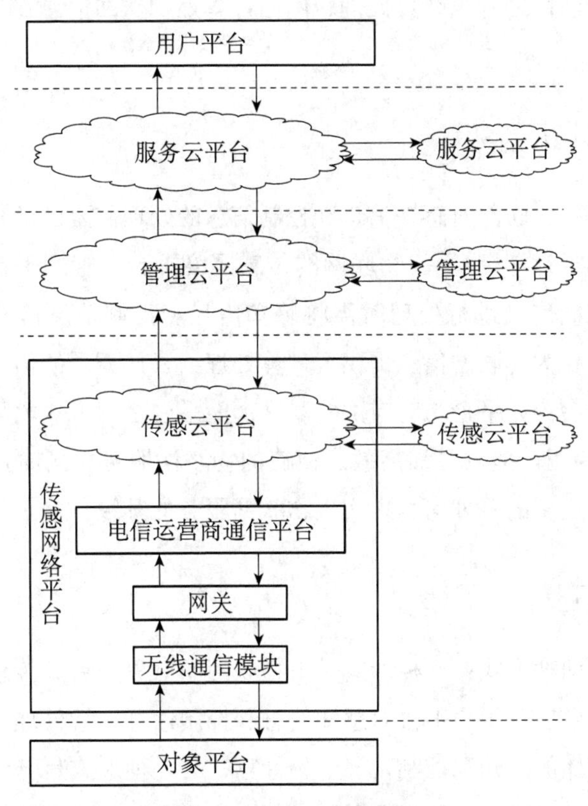


图 3-77　云平台参与物联网的方式 49

(3) 物联网网内云平台的计算能力可以满足物联网对信息的计算处理要求，无须外界信息辅助计算。此时物联网连接的网外云平台既不提供计算资源，也不提供信息资源，只是按照既定的规则（得到物联网的信息拥有者授权）接收物联网提供的信息，为其他物联网运行提供信息支持。

## 第五节　云平台参与的物联网的计算方式

物联网能够实现物与物、物与人、人与人之间的交流沟通，实现人类社会与自然世界的有机整合与和谐相处。由前文可知，以电子信息为交流手段的电子信息物联网对物联网信息的计算处理方式分别为网外计算和网内计算：网外计算是物联网信息在物联网之外被计算处理；网内计算是物联网信息在物联网内部被计算处理。

## 一、网外计算

网外计算是指物联网对感知信息和控制信息的处理需要外部资源支持（主要为云平台提供的云计算资源）。物联网的传感网络平台、管理平台、服务平台在对感知信息和控制信息进行处理时需将感知信息和控制信息传输给网外的云平台，由外部云平台为物联网信息提供云计算处理，云计算后的信息再传输给物联网相应的功能平台（云平台与对应的物联网功能平台之间形成闭环，保证了信息的闭环运行），为用户提供更加高效、便捷的物联网服务。同时，物联网也可通过外部资源获取更多的网外信息来实现物联网服务的升级。

## 二、网内计算

网内计算有两种形式：一种形式是由物联网的对象平台、传感网络平台、管理平台、服务平台以及用户平台对感知信息和控制信息进行处理，实现物联网用户对对象物理实体的感知和控制，属于物计算；另一种形式是将云平台（主要为云平台提供的云计算资源）纳入物联网中，成为物联网的一部分，承接物联网的传感网络管理平台（传感网络平台一部分）、管理平台或服务平台对感知信息和控制信息进行云计算，属于网内云计算。

## 三、网外和网内混合计算

云平台参与的物联网的云计算方式除网外计算和网内计算之外，还存在网外和网内混合计算。云平台参与的物联网网外和网内混合计算具有多种结构，无论物联网传感网络平台的传感网络管理平台、管理平台、服务平台是否被云平台承接，均可通过连接网外云平台的方式实现网外计算，此处不一一列举。网外和网内混合计算的两种示例为：①物联网网内云平台外接网外云平台，实现网外和网内混合计算，如图 3－78a 所示；②物联网功能平台外接网外云平台，实现网外和网内混合计算，如图 3－78b 所示。

在云平台参与的物联网中，当物联网的功能平台计算能力不足时，可以选择

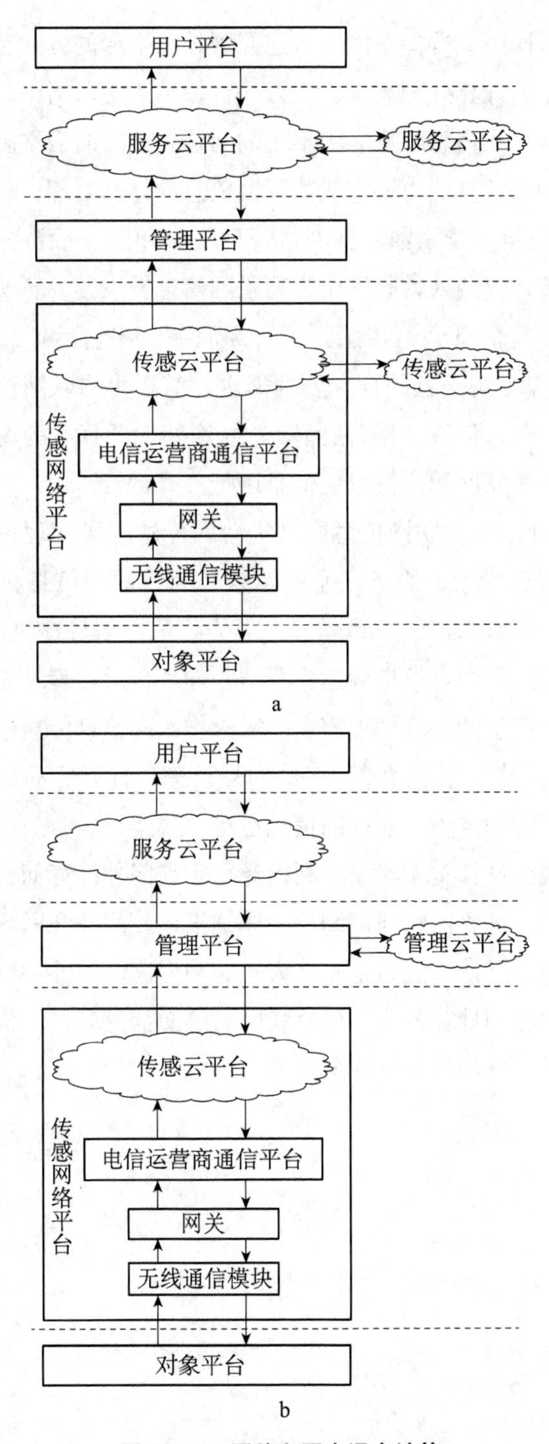


**图 3-78　网外和网内混合计算**

将云平台纳入物联网中或选择功能平台连接网外云平台的方式获得额外的计算资源，以满足对信息的计算处理需求。当云平台被纳入物联网中为物联网提供信息计算资源时，仍会存在信息计算能力不足的问题，此时的云平台可通过外接云平台获得更加强大的云计算能力，完成物联网信息的计算处理。

如图 3－78a 所示，物联网传感网络管理平台和服务平台分别被传感云平台和服务云平台承接，被纳入物联网中为物联网信息提供云计算资源。在物联网为用户服务的过程中，信息到达传感云平台和服务云平台后，二者的云计算能力（网内计算）不能满足对信息的计算处理需求，需要将物联网信息传输给其所连接的网外云平台进行云计算（网外计算）。经网外云计算后的物联网信息再返回到物联网中，按照物联网用户授权的信息运行方式运行。

如图 3－78b 所示，物联网传感网络平台的传感网络管理平台和物联网的服务平台分别被传感云平台、服务云平台承接，为物联网信息提供网内云计算服务；物联网的管理平台未被云平台承接，可为物联网信息提供网内物计算服务。在物联网信息运行过程中，信息到达物联网管理平台后，管理平台的物计算能力不能满足物联网对信息的计算处理需求，需将物联网信息传输给管理平台连接的网外云平台进行云计算（网外计算）。经网外云平台计算后的物联网信息再返回到物联网中，按照物联网用户授权的信息运行方式运行。

网外和网内混合计算是相对于纯网内计算或纯网外计算而言的，本章第四节是对网外和网内混合计算的物联网结构的详细描述。网外和网内计算能够使云平台参与的物联网的信息计算能力得到极大扩展和提高。网外和网内计算作为云平台参与的物联网的一种计算模式，使物联网对感知信息和控制信息的处理更加高效，能为用户提供更好的物联网服务。

# 第四章
# 云平台管理的物联网

## 第一节　云平台管理的物联网概述

云平台管理的物联网是由物联网用户主导、管理平台始终为云平台的物联网，是云平台参与的物联网的一种特殊形式。在云平台管理的物联网中，其网内管理云平台对物联网信息的收集、处理及应用的管理拥有更大的权限。用户授权管理云平台运营者代替用户对物联网进行运营管理，能够决定物联网的组网形式和物联网信息的运行方式，其传感网络平台和服务平台是否为云平台、云平台运营者是谁均由管理云平台运营者代替用户决定，共同为用户提供物联网服务。

现实中，同一云平台管理的物联网往往包含了很多个用户，这些用户可以是不同行业、不同背景、不同需求的自然人、企事业单位、政府机构等。用户只需要选定管理云平台的运营者，向管理云平台提出需求，提供用户接口，便可享受云平台管理的物联网提供的物联网服务。云平台管理的物联网在为用户提供服务时，由管理云平台代替用户组网，传感网络平台（或传感云平台）、管理云平台和服务平台（或服务云平台）的建设和维护不需要用户直接参与，对象可由用户寻找，亦可由管理云平台运营者代替用户寻找。

在云平台管理的物联网中，当传感网络平台和服务平台被云平台承接时，其云平台运营者可以是管理云平台运营者，也可以是其他云平台运营者：传感云平台和服务云平台可以是管理云平台运营者建立运营的，也可以是其他云平台运营者建立运营的，管理云平台运营者通过购买、租赁等方式使用。

## 第二节　管理云平台运营者类型

与云平台参与的物联网云平台运营者一样，云平台管理的物联网管理云平台运营者可以为政府、电信运营商、网络业务运营商、设备运营商、网络运营商中的任何一个。但在云平台管理的物联网中，管理云平台运营者对物联网组网、物联网信息收集、物联网信息运行方式选择等方面具有更大的权利，这些权利均是用户授予的。

## 一、政府

政府对个人身份信息、商业信息等各种信息的收集、计算处理、清洗转换、分析、挖掘、分类存储、发布等具有健全的审查机制，能够为用户提供安全、高效的物联网服务，有效提高政府办公、监管、决策的智能化水平，实现“智慧政务”。

当政府作为管理云平台的运营者时，在获取对国家和社会具有重大意义、关乎国家安全和人民利益的信息时，在权力范围之内默认已获得信息拥有者授权，在适当情况下告知信息拥有者。

管理云平台运营者为政府的云平台管理的物联网，其传感网络平台和服务平台是否为云平台，云平台运营者类型等均由政府依据具体的业务情况代替用户决定。

## 二、电信运营商

电信运营商是网络服务的运营者，在我国电信运营商的经营运维由政府支持。电信运营商云平台作为管理云平台向用户提供服务时，其经营活动受政府指导和支持，由相关部门或有资质的第三方机构严格监管，对信息的获取、计算处理、清洗转换、分析、挖掘、分类存储、发布等具有较为严格的程序。

电信运营商作为管理云平台运营者的云平台管理的物联网，在获取和使用外界信息时需先获得信息拥有者的授权，在运行过程中需要监管来保障信息拥有者和物联网用户的合法权益。

电信运营商云平台作为管理云平台时，物联网的传感网络平台和服务平台是否为云平台，云平台运营者类型等均由电信运营商依据具体的业务代替用户确定。

## 三、网络业务运营商

网络业务运营商是指提供各类网络业务服务的运营者。网络业务运营商的经

营运维需要获得政府批准，信息的收集和使用必须获得信息拥有者的授权。信息收集的范围仅限于信息拥有者授权的范围，不可过度收集无关信息。同时，对所收集信息的使用也必须事先获得信息拥有者授权，不可滥用及私自扩大信息使用范围。

管理云平台运营者为网络业务运营商的云平台管理的物联网，其传感网络平台和服务平台是否为云平台，云平台运营者类型等均由网络业务运营商依据具体的业务代替用户决定。

## 四、设备运营商

设备运营商是指为云平台管理的物联网的对象平台提供物理实体设备的运营者，是网络业务运营商的一种。设备运营商作为管理云平台运营者的云平台管理的物联网在获取外界信息时更多地需要设备运营商自律：获得信息拥有者的授权，信息收集的范围仅限于信息拥有者授权的范围，不可过度收集无关信息。对所收集信息的使用也必须得到信息拥有者授权，不可私自扩大信息使用范围。

管理云平台运营者为设备运营商的云平台管理的物联网，其传感网络平台和服务平台是否为云平台，云平台运营者类型等均由设备运营商依据具体的业务代替用户决定。

## 五、网络运营商

网络运营商是指提供全球互联网域名、域名体系和 IP 地址等管理的根服务器运营商。网络运营商作为管理云平台运营者的云平台管理的物联网，在收集外界信息时必须获得信息拥有者的授权，信息收集的范围仅限于信息拥有者授权的范围之内，不可过度收集无关信息。对所收集信息的使用范围应征得信息拥有者同意，不可私自扩大信息使用范围。

管理云平台运营者为网络运营商的云平台管理的物联网，其传感网络平台和服务平台是否为云平台，云平台运营者类型等均由网络运营商依据具体的业务代替用户决定。

# 第三节 云平台管理的物联网结构

用户根据自身需求选定管理云平台运营者后，由管理云平台运营者代替用户组网。云平台管理的物联网的组网方式、传感网络平台和服务平台是否由云平台承接，均由管理云平台运营者代替用户确定。

以传感网络平台和服务平台是否为云平台作为依据，云平台管理的物联网具有四种结构：

（1）传感网络平台和服务平台均为云平台的云平台管理的物联网；

（2）传感网络平台为云平台的云平台管理的物联网；

（3）服务平台为云平台的云平台管理的物联网；

（4）传感网络平台和服务平台均非云平台的云平台管理的物联网。

## 一、传感网络平台和服务平台均为云平台的云平台管理的物联网

在该物联网结构中，传感网络平台、管理平台和服务平台均为云平台，管理云平台运营者由用户确定。传感网络平台和服务平台均为云平台的云平台管理的物联网结构见图 4－1。

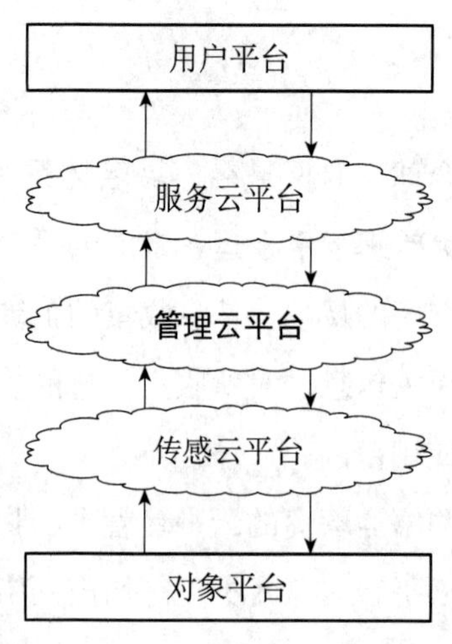


**图 4－1　传感网络平台和服务平台均为云平台的云平台管理的物联网**

管理云平台运营者作为用户授权的物联网的管理者，负责管理云平台的建设、运行和维护。物联网在为用户提供服务时，其对象可由管理平台代替用户寻找，也可由用户寻找，同时，传感云平台和服务云平台的运营者由管理云平台运营者代替用户确定：可以是管理云平台的运营者，也可以是其他云平台运营者（政府、电信运营商、网络业务运营商、设备运营商、网络运营商中的云平台运营者）。

## 二、传感网络平台为云平台的云平台管理的物联网

在此物联网结构中，服务平台未被云平台承接，传感网络平台和管理平台均为云平台，管理云平台运营者由用户确定。传感网络平台为云平台的云平台管理的物联网结构见图 4－2。

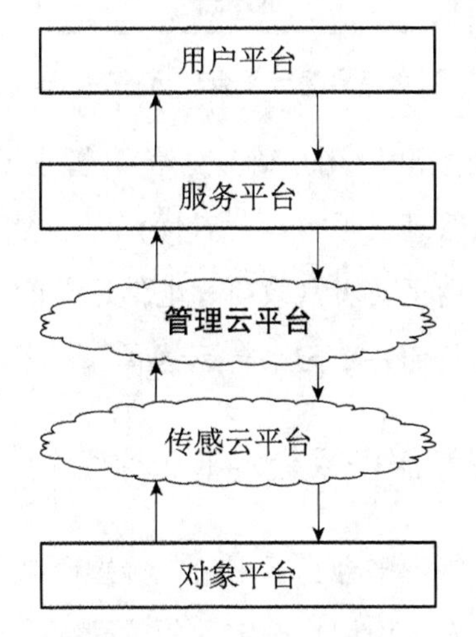


**图 4－2　传感网络平台为云平台的云平台管理的物联网**

管理云平台运营者是用户授权的物联网的管理者，负责管理云平台的建设、运营和管理。传感云平台运营者由管理云平台运营者代替用户确定：传感云平台运营者可以是管理云平台运营者，也可以是其他云平台运营者（政府、电信运营商、网络业务运营商、设备运营商、网络运营商中的任何一个云平台运营者）。

## 三、服务平台为云平台的云平台管理的物联网

在此物联网结构中，传感网络平台未被云平台承接，管理平台和服务平台均

为云平台，管理云平台运营者由用户确定。服务平台为云平台的云平台管理的物联网结构见图 4-3。

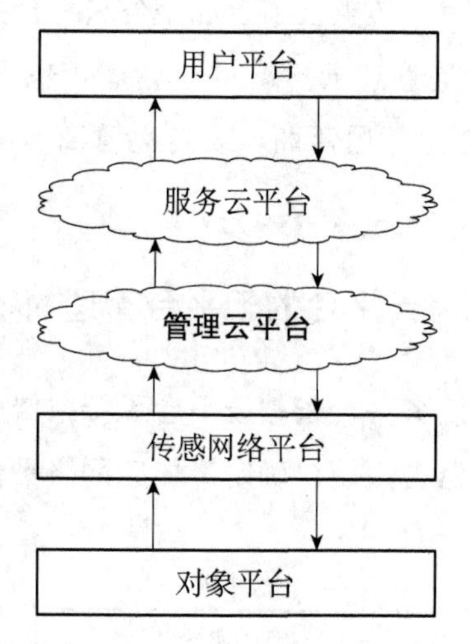


**图 4-3 服务平台为云平台的云平台管理的物联网**

管理云平台运营者由物联网用户确定，负责管理云平台的建设、运营和管理。服务云平台运营者由管理云平台运营者代替用户确定：可以是管理云平台运营者，也可以是其他云平台运营者（政府、电信运营商、网络业务运营商、设备运营商、网络运营商中的任何一个云平台运营者）。

## 四、传感网络平台和服务平台均非云平台的云平台管理的物联网

在此物联网结构中，管理平台为云平台，传感网络平台和服务平台均未被云平台承接，管理云平台运营者由用户确定。传感网络平台和服务平台均非云平台的云平台管理的物联网结构见图 4-4。

管理云平台运营者作为物联网用户授权的物联网的建设者、运营者以及管理者，可代替用户主导物联网的组网，决定着传感网络平台和服务平台的参网形式，可依据具体的应用场景，确定传感网络平台和服务平台为非云平台。

以上四种云平台管理的物联网结构，无论传感网络平台、服务平台是否被云平台承接，包括管理云平台在内，均可通过外接云平台的方式提供额外的计算资源，为物联网用户提供更加高效的服务。

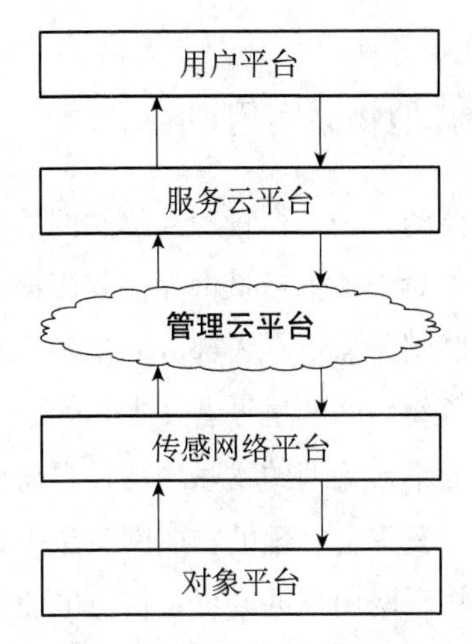


**图 4-4　传感网络平台和服务平台均非云平台的云平台管理的物联网**

## 第四节　云平台管理的物联网对象平台信息来源

任一物理实体，无论状态如何变化，其中均包含自身拥有的本源信息（自身固有或自身具有所有权的信息）和接收到的外来信息。同理，云平台管理的物联网的信息来自其对象平台的物理实体，而对象平台的物理实体所包含的信息也分为本源信息和外来信息。

### 一、信息拥有者为云平台管理的物联网的对象平台

世界上所有的物理实体都存在本源信息，其与物理实体共存。当云平台管理的物联网对象平台所需的信息为对象自身所拥有时，则这些信息为对象平台物理实体的本源信息。

本源信息是对象物理实体本身所携带的固有信息或具有所有权的信息的综合，可以伴随对象物理实体状态的改变而变化，只要物理实体始终存在，本源信息便不会消失。云平台管理的物联网能够直接获取本源信息并加以利用，在经过各云平台的云计算后，为用户提供物联网服务，实现用户对对象的感知控制，实

现用户意志。

## 二、信息拥有者为其他物联网用户

用户需求是多样且变化的，云平台管理的物联网的对象物理实体自身的固有信息或具有所有权的信息相对于整个信息世界极其渺小。为满足用户多样和多变的需求，云平台管理的物联网所需信息大部分需从外界获得。

在物联网世界，用户是物联网的主导者，也是物联网信息的拥有者，对物联网中的信息具有所有权。云平台管理的物联网从外界获取信息的行为，本质上是从其他物联网中获取信息。云平台管理的物联网对象平台在获取外来物联网信息之前需要获得提供信息的物联网用户的许可，信息的收集范围和使用范围亦必须获得用户授权。

云平台管理的物联网的外来信息可以来自提供信息的物联网的用户平台、服务平台、管理平台、传感网络平台以及对象平台中的任一功能平台，也可以是其中的两个或两个以上功能平台。信息拥有者为其他物联网用户时提供信息的方式如图 4-5 所示。

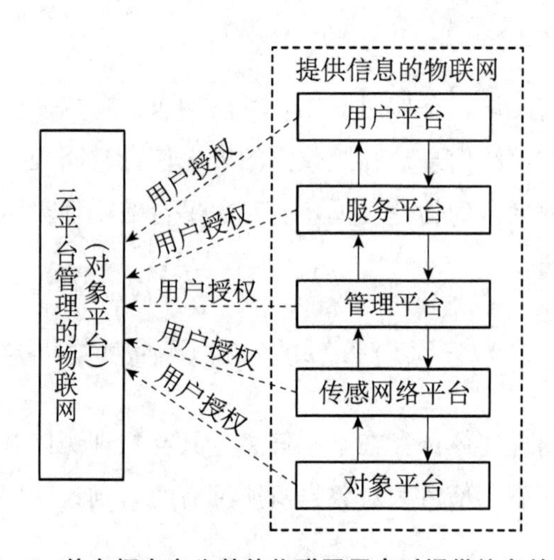


**图 4-5　信息拥有者为其他物联网用户时提供信息的方式**

在物联网的运行过程中，一般其所包含的信息较多，为了保证信息能够准确、有序、完整地提供给云平台管理的物联网，提供信息的物联网多由其用户授权的管理平台对要提供的信息进行统筹管理后提供给云平台管理的物联网的对象平台。外界信息拥有者授权管理平台向云平台管理的物联网提供信息的示意图见图 4-6。

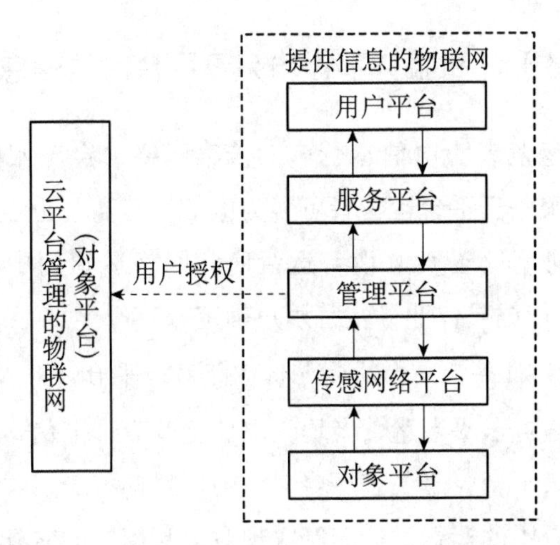


**图 4-6　外界信息拥有者授权管理平台向云平台管理的物联网提供信息**

当云平台管理的物联网中的用户范围扩大，或信息使用范围发生变化，抑或信息需求内容发生变化时，云平台管理的物联网在获取新的外界信息之前需重新获得提供信息的物联网的用户授权。

## 第五节　云平台管理的物联网信息运行

云平台管理的物联网中的信息包含感知信息和控制信息。物联网控制信息是在感知信息的基础上转换而来的，存在着感知信息向控制信息转换的关系。在拥有用户授权的条件下，物联网的传感网络平台（或传感云平台）、管理云平台、服务平台（或服务云平台）以及用户平台均能实现感知信息向控制信息的转换，形成了物联网信息的运行闭环。对同一个云平台管理的物联网来讲，不同物联网信息运行闭环所处理的信息类型不同，但目的相同：为用户提供物联网服务。

如前文所述，云平台管理的物联网具有四种结构，每一种结构根据各功能平台所承接的云平台的运营者不同又分为若干不同子结构。每种子结构均具有不同的信息运行闭环，用于处理不同类型的信息。下文对管理云平台运营者为电信运营商的云平台管理的物联网信息运行闭环进行描述。

## 一、传感网络平台和服务平台均为云平台时的信息运行

当管理云平台运营者为电信运营商，传感网络平台和服务平台均为云平台时，传感云平台和服务云平台运营者可以为电信运营商，也可以为其他云平台运营者（政府、网络业务运营商、设备运营商和网络运营商中的任一云平台运营者），由电信运营商依据具体业务代替用户确定。

### 1. 传感云平台和服务云平台均为电信运营商云平台

传感云平台和服务云平台运营者均为电信运营商，电信运营商云平台（包含传感云平台、管理云平台、服务云平台）作为桥梁连接着对象和用户，信息通过在电信运营商云平台中的运行、计算等实现对象和用户的交互。

对象平台获取的感知信息传输给电信运营商云平台感知信息系统进行云计算，包括合法性、有效性验证，对通过验证的感知信息进行解析、分类、过滤、存储等处理。如图 4－7 所示，感知信息经过电信运营商云平台云计算后具有 2 种信息运行方式。

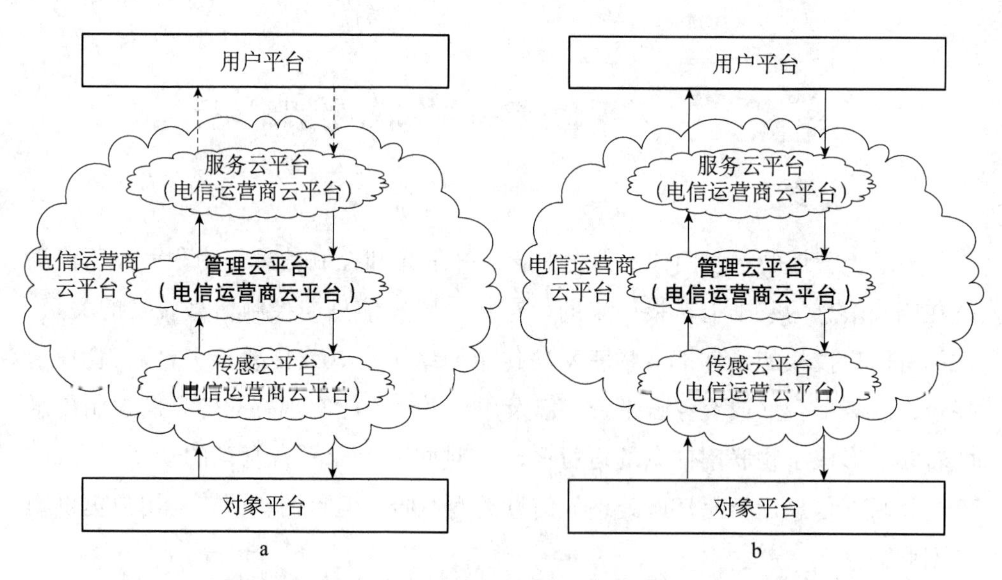


**图 4－7　传感云平台和服务云平台均为电信运营商云平台时的信息运行闭环**

（1）如图 4－7a 所示，在拥有用户授权（管理云平台代替用户授权）的条件下，感知信息在电信运营商云平台中完成向控制信息的转换：电信运营商云平台控制信息系统根据感知信息内容生成控制信息传输给对象平台。对象平台控制信

息系统对控制信息进行接收、识别、解析等处理后执行控制，并以相应功能的形式表现出来。电信运营商云平台与对象平台的交互关系形成了电信运营商云平台控制的物联网控制闭环，整个运行过程由用户主导。

（2）如图 4－7b 所示，经电信运营商云平台云计算后的感知信息传输给用户平台，由用户平台完成感知信息向控制信息的转换：用户平台对感知信息进行分析、判断，生成控制信息再传输给电信运营商云平台。电信运营商云平台控制信息系统通过调用软硬件资源对控制信息进行云计算，然后将控制信息传输给对象平台。对象平台控制信息系统根据控制信息内容执行控制，并以功能的形式表现出来，实现对象为用户提供的控制服务。用户与对象的交互关系形成了用户控制的物联网控制闭环，整个运行过程由用户主导。

2. 传感云平台为电信运营商云平台

在此物联网结构中，传感云平台运营者为电信运营商，而服务云平台运营者为其他云平台运营者。电信运营商云平台（包含传感云平台、管理云平台）作为桥梁连接着对象平台和服务云平台，服务云平台作为桥梁连接着电信运营商云平台和用户平台。信息通过在电信运营商云平台和服务云平台中的运行、计算等实现对象和用户的交互。

对象平台感知信息系统获取的感知信息传输给电信运营商云平台感知信息系统进行云计算，包括合法性、有效性等验证，对通过验证的感知信息进行解析、分类、过滤、存储等处理。如图 4－8 所示，感知信息在经过电信运营商云平台的云计算后有 3 种运行方式：

（1）如图 4－8a 所示，在拥有用户授权（管理云平台代替用户授权）的条件下，物联网感知信息在电信运营商云平台中完成向控制信息的转换：电信运营商云平台控制信息系统根据感知信息内容生成控制信息传输给对象平台。对象平台控制信息系统对控制信息进行接收、识别、解析等处理后执行控制，并以相应功能的形式表现出来。电信运营商云平台和对象平台的交互关系形成了电信运营商云平台控制的物联网控制闭环，整个运行过程由用户主导。

（2）如图 4－8b 所示，经过电信运营商云平台云计算后的感知信息被传输给服务云平台。服务云平台感知信息系统对感知信息进行云计算，在拥有用户授权（管理云平台代替用户授权）条件下，感知信息在服务云平台中实现向控制信息的转换：服务云平台控制信息系统根据感知信息内容生成控制信息传输给电信运

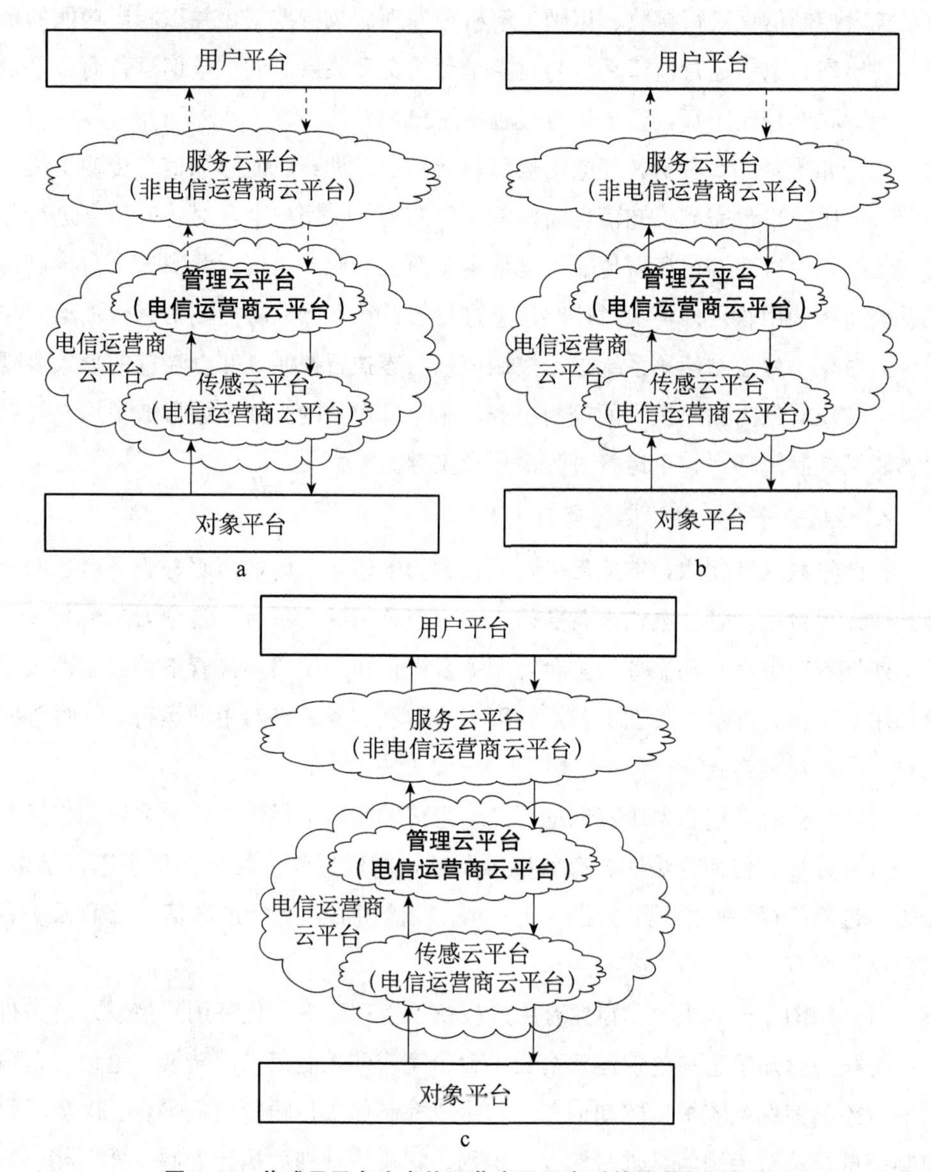


**图 4-8　传感云平台为电信运营商云平台时的信息运行闭环**

营商云平台进行云计算，然后传输给对象平台。对象平台控制信息系统对控制信息进行接收、识别、解析等处理后执行控制，并以相应功能的形式表现出来，实现对象为用户提供的控制服务。服务云平台和对象平台的交互关系形成了服务云平台控制的物联网控制闭环，整个运行过程由用户主导。

（3）如图 4-8c 所示，感知信息在经过电信运营商云平台和服务云平台云计

算后传输给用户平台，由用户平台完成感知信息向控制信息的转换：用户平台对感知信息进行分析、判断，生成控制信息传输给服务云平台。经服务云平台控制信息系统云计算后的控制信息传输给电信运营商云平台进行云计算，然后传输给对象平台。对象平台控制信息系统对控制信息进行接收、识别、解析等处理后执行控制，并以相应功能的形式表现出来，实现对象为用户提供的控制服务。用户与对象的交互关系形成了用户平台直接控制的物联网控制闭环，整个运行过程由用户主导。

3. 服务云平台为电信运营商云平台

此物联网结构的服务云平台运营者为电信运营商，传感云平台运营者为其他云平台运营者。在此物联网结构中，传感云平台作为桥梁连接着对象平台和电信运营商云平台，电信运营商云平台（包括管理云平台、服务云平台）作为桥梁连接着传感云平台和用户。信息通过在传感云平台和电信运营商云平台中的运行、计算等实现对象和用户的交互。

对象平台感知信息系统获取的感知信息传输给传感云平台感知信息系统进行云计算：对感知信息的合法性、有效性等进行验证，对通信行为进行鉴权，防止非法占用网络资源。通过验证和通信鉴权的感知信息再被过滤、加工等处理。如图 4－9 所示，经传感云平台云计算后的感知信息在物联网中有 3 种运行方式。

（1）如图 4－9a 所示，在拥有用户授权（管理云平台代替用户授权）的条件下，感知信息在传感云平台中实现向控制信息的转换：传感云平台控制信息系统根据感知信息内容生成控制信息传输给对象平台。对象平台控制信息系统对控制信息进行接收、识别、解析等处理后执行控制，并以相应功能的形式表现出来，实现对象为用户提供的控制服务。传感云平台与对象平台的交互关系形成传感云平台直接控制的物联网控制闭环，整个运行过程由用户主导。

（2）如图 4－9b 所示，经传感云平台云计算后的感知信息被传输给电信运营商云平台，由电信运营商云平台感知信息系统进行云计算：对感知信息的合法性、有效性等进行验证，对通过验证的感知信息进行解析、分类、过滤、存储等处理。在拥有用户授权（管理云平台代替用户授权）的条件下，感知信息在电信运营商云平台中实现向控制信息的转换：电信运营商云平台控制信息系统根据感知信息内容生成控制信息传输给传感云平台。传感云平台控制信息系统对控制信息进行云计算后传输给对象平台。对象平台控制信息系统对控制信息进行接收、识别、解析等处理后执行控制，并以相应功能的形式表现出来。电信运营商云平台和对象平台的交互关系形成了电信运营商云平台控制的物联网控制闭环，整个运行过程由用户主导。

(3) 如图 4-9c 所示，经传感云平台、电信运营商云平台云计算后的感知信息传输给用户平台，由用户平台实现感知信息向控制信息的转换：用户平台对感知信息进行分析、判断，生成控制信息传输给电信运营商云平台。控制信息依次

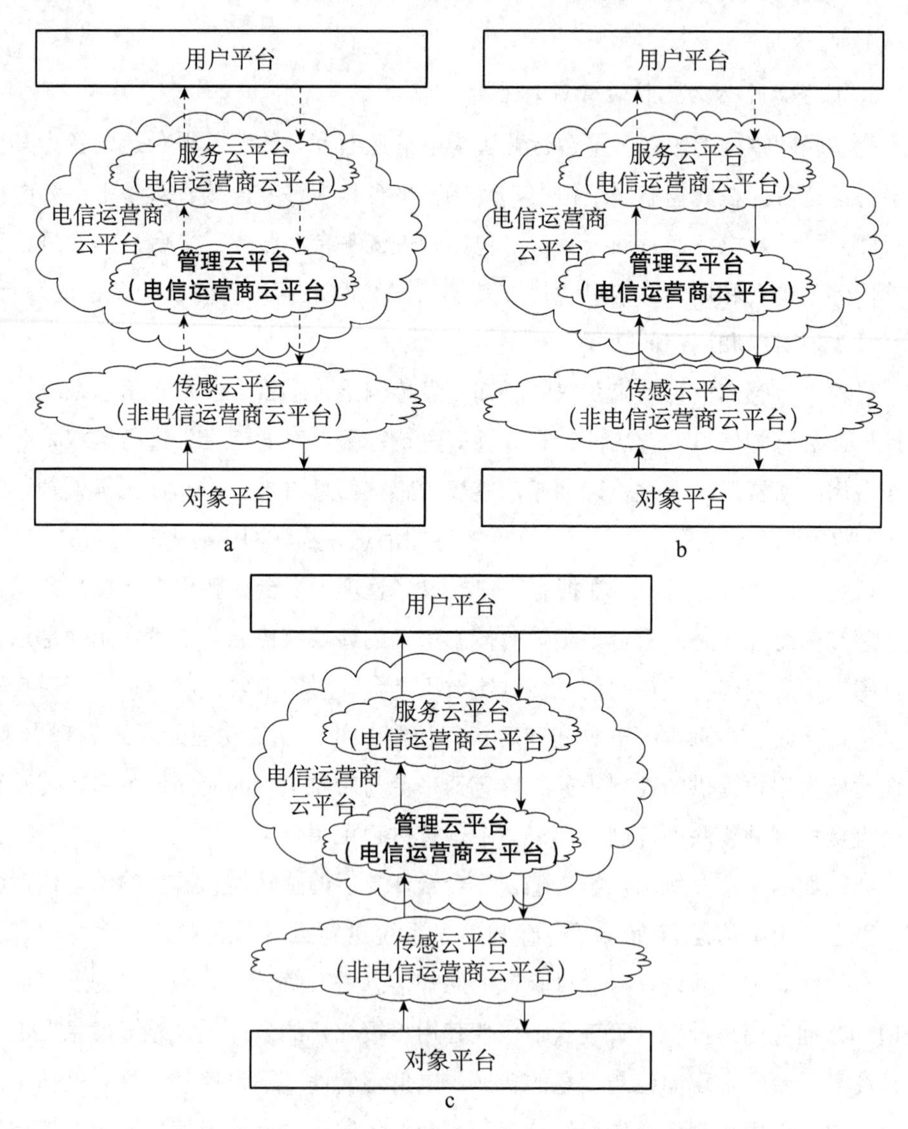


**图 4-9　服务云平台为电信运营商云平台时的信息运行闭环**

通过电信运营商云平台控制信息系统、传感云平台控制信息系统云计算后传输给对象平台。对象平台控制信息系统对控制信息进行接收、识别、解析等处理后执行控制，并以相应功能的形式表现出来。用户和对象的交互关系形成了用户平台直接控制的物联网控制闭环，整个运行过程由用户主导。

4. 传感云平台和服务云平台均非电信运营商云平台

在此物联网结构中，管理云平台运营者为电信运营商，服务云平台、传感云平台运营者为其他云平台运营者。在此种物联网结构中，电信运营商云平台作为桥梁连接着传感云平台和服务云平台，物联网信息通过在传感云平台、电信运营商云平台、服务云平台中的运行、计算等实现对象和用户的交互。

对象平台感知信息系统将获取的感知信息传输给传感云平台感知信息系统进行云计算。如图 4－10 所示，云计算后的感知信息运行方式有 4 种。

（1）如图 4－10a 所示，在拥有用户授权（管理云平台代替用户授权）的条件下，感知信息在传感网络平台中实现向控制信息的转换：传感云平台控制信息系统根据感知信息内容生成控制信息传输给对象平台。对象平台控制信息系统对控制信息进行验证、解析等处理，完成控制信息的执行，并以相应功能的形式表现出来，实现对象为用户提供的控制服务。传感云平台与对象平台的交互关系形成了传感云平台控制的物联网控制闭环，整个运行过程由用户主导。

（2）如图 4－10b 所示，经传感云平台云计算后的感知信息被传输给电信运营商云平台感知信息系统进行云计算：对感知信息的合法性、有效性等进行验证，对通过验证的感知信息进行解析、分类、过滤、存储等处理。在拥有用户授权（管理云平台代替用户授权）的条件下，感知信息在电信运营商云平台中实现向控制信息的转换：电信运营商云平台控制信息系统根据感知信息内容生成控制信息传输给传感云平台。经传感云平台控制信息系统云计算后的控制信息传输给对象平台。对象平台控制信息系统对控制信息进行接收、识别、解析等处理后执行控制，并以相应功能的形式表现出来。电信运营商云平台和对象平台的交互关系形成了电信运营商云平台控制的物联网控制闭环，整个运行过程由用户主导。

（3）如图 4－10c 所示，经传感云平台、电信运营商云平台云计算后的感知信息传输给服务云平台感知信息系统进行云计算，包括信息解析、认证以及加工等。在拥有用户授权（管理云平台代替用户授权）的条件下，感知信息在服务平台中实现向控制信息的转换：服务云平台控制信息系统根据感知信息内容生成控

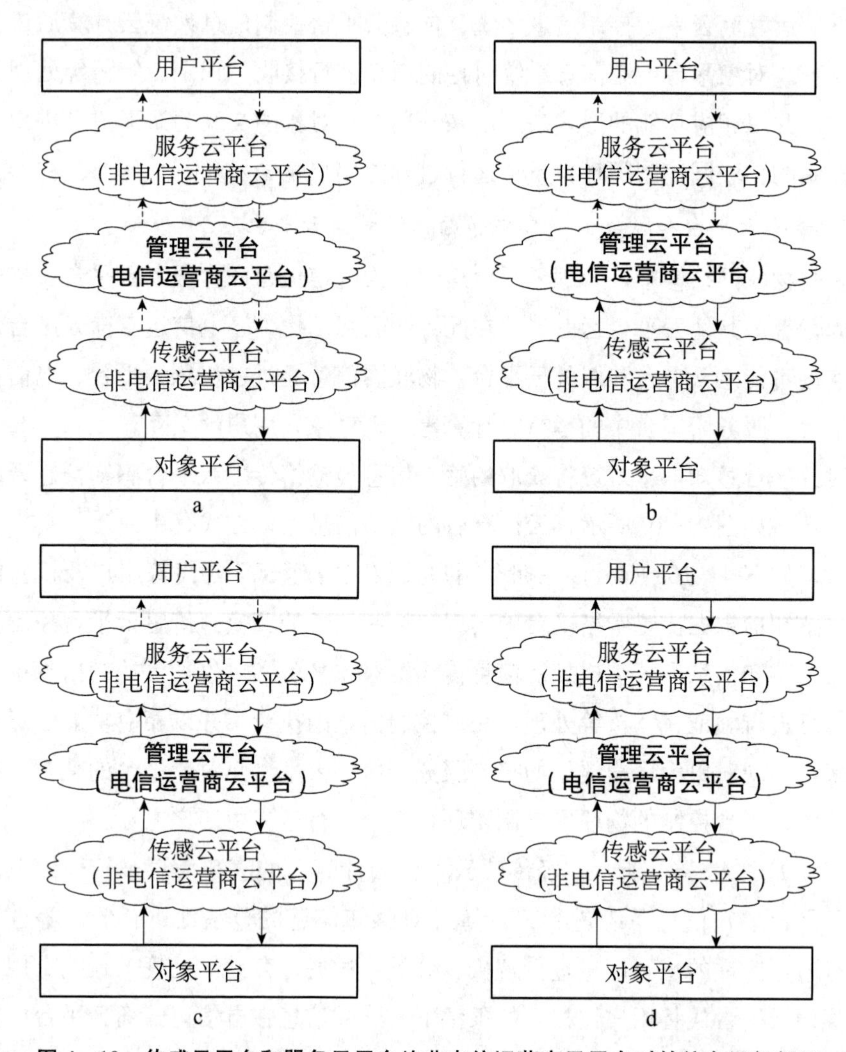


**图 4－10　传感云平台和服务云平台均非电信运营商云平台时的信息运行闭环**

制信息传输给电信运营商云平台。感知信息依次经过电信运营商云平台控制信息系统、传感云平台信息系统云计算后传输给对象平台。对象平台控制信息系统对控制信息进行接收、识别、解析等处理后执行控制，并以相应功能的形式表现出来。服务云平台和对象平台的交互关系形成了服务云平台控制的物联网控制闭环，整个运行过程由用户主导。

（4）如图 4－10d 所示，经传感云平台、电信运营商云平台、服务云平台云计算后的感知信息传输给用户平台，由用户平台实现感知信息向控制信息的转换：用户平台对感知信息进行分析、判断，生成控制信息下发给服务云平台。控

制信息依次经过服务云平台控制信息系统、电信运营商云平台控制信息系统、传感云平台控制信息系统云计算后传输给对象平台。对象平台控制信息系统对控制信息进行接收、识别、解析等处理后执行控制，并以相应功能的形式表现出来。用户和对象的交互关系形成了用户平台直接控制的物联网控制闭环，整个运行过程由用户主导。

## 二、传感网络平台为云平台时的信息运行

当管理云平台运营者为电信运营商，传感网络平台为云平台，服务平台为非云平台时，传感云平台运营者由电信运营商依据具体业务代替用户确定，可以为电信运营商，也可以为其他云平台运营者（政府、网络业务运营商、设备运营商和网络运营商中的任一云平台运营者）。

### 1. 传感云平台为电信运营商云平台

在此物联网结构中，传感云平台运营者为电信运营商，电信运营商云平台（包含传感云平台、管理云平台）作为桥梁连接着服务平台和对象平台，信息通过在电信运营商云平台、服务平台中的运行、计算等实现对象和用户的交互。

对象平台感知信息系统将获取的感知信息传输给电信运营商云平台的感知信息系统进行云计算：对感知信息的合法性、有效性等进行验证，对通过验证的感知信息进行解析、分类、过滤、存储等处理。如图 4－11 所示，感知信息在经过电信运营商云平台云计算后有 3 种运行方式。

（1）如图 4－11a 所示，在拥有用户授权（管理云平台代替用户授权）的条件下，感知信息在电信运营商云平台中转换为控制信息：电信运营商云平台控制信息系统根据感知信息内容生成控制信息传输给对象平台。对象平台控制信息系统对控制信息进行接收、识别、解析等处理后执行控制，并以相应功能的形式表现出来。电信运营商云平台和对象平台的交互形成电信运营商云平台控制的物联网控制闭环，整个运行过程由用户主导。

（2）如图 4－11b 所示，感知信息在经过电信运营商云平台云计算后被传输给服务平台，由服务平台感知信息系统对感知信息进行接收、识别和加工。在拥有用户授权（管理云平台代替用户授权）的条件下，感知信息在服务平台实现向控制信息的转换：服务平台控制信息系统根据感知信息内容生成控制信息传输给电信运营商云平台。感知信息经电信运营商云平台控制信息系统云计算后传输给

对象平台。对象平台控制信息系统对控制信息进行接收、识别、解析等处理后执行控制，并以相应功能的形式表现出来，实现对象为用户提供的控制服务。服务平台与对象平台的交互关系形成了服务平台直接控制的物联网控制闭环，整个运行过程由用户主导。

（3）如图 4－11c 所示，感知信息在经过电信运营商云平台云计算、服务平台物计算后传输给用户，由用户将感知信息转换为控制信息：用户对感知信息进行分析、判断，生成控制信息下发给服务平台。控制信息依次经过服务平台控制信息系统物计算、电信运营商云平台云计算后传输给对象平台。对象平台控制信息系统对控制信息进行接收、识别、解析等处理后执行控制，并以相应功能的形式

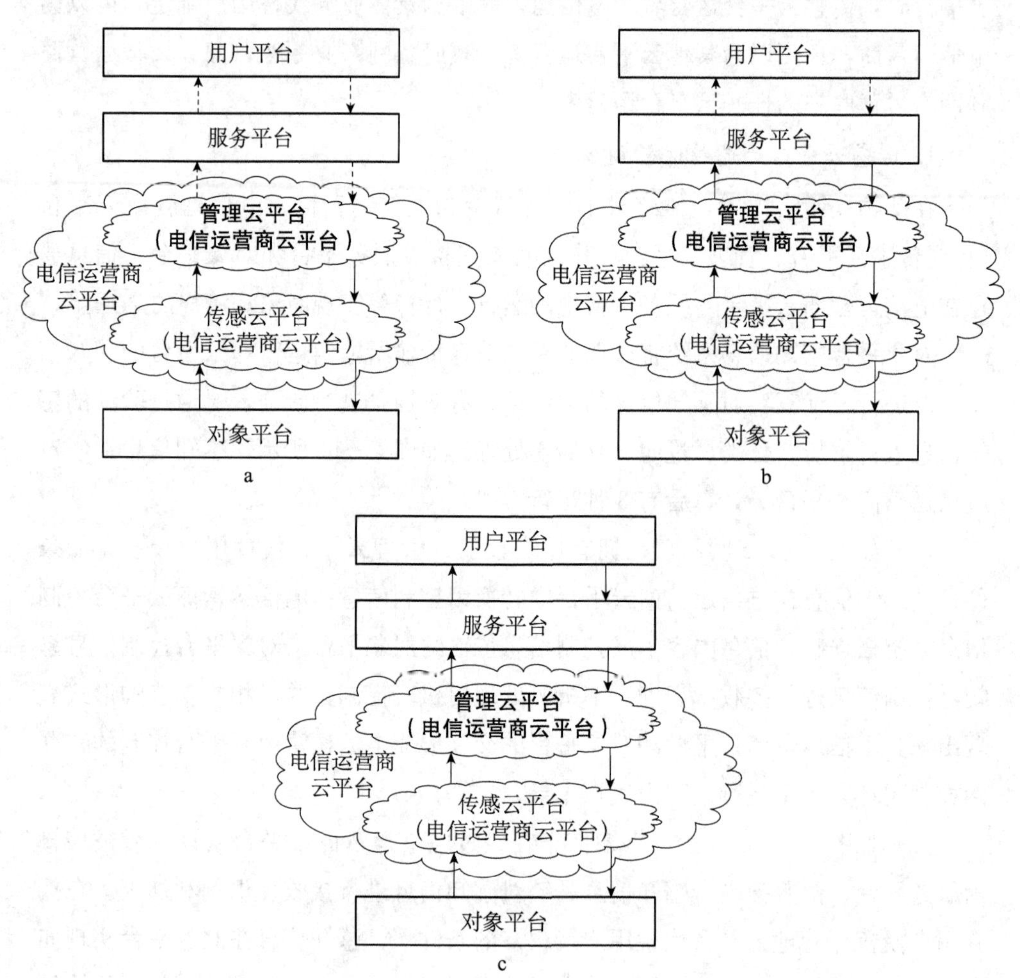


**图 4－11　传感云平台为电信运营商云平台时的信息运行闭环**

表现出来，实现对象为用户提供的控制服务。电信运营商云平台与对象平台的交互关系形成了用户平台直接控制的物联网控制闭环，整个运行过程由用户主导。

2. 传感云平台非电信运营商云平台

在此物联网结构中，传感云平台运营者为其他云平台运营者。电信运营商云平台作为桥梁连接着服务平台和传感云平台，传感云平台作为桥梁连接着管理云平台和对象平台，信息通过在传感云平台、电信运营商云平台、服务平台中的运行、计算等实现对象和用户的交互。

对象平台感知信息系统将获取的感知信息传输给传感云平台感知信息系统进行云计算：对感知信息的合法性、有效性等进行验证，对通信行为进行鉴权，防止非法占用网络资源，通过验证和通信鉴权的感知信息再被解析、过滤、加工等处理。如图 4－12 所示，经传感云平台云计算后的感知信息有 4 种运行方式。

（1）如图 4－12a 所示，在拥有用户授权（管理云平台代替用户授权）的条件下，感知信息在传感云平台中实现向控制信息的转换：传感云平台控制信息系统根据感知信息内容生成控制信息传输给对象平台。对象平台控制信息系统对控制信息进行接收、识别、解析等处理后执行控制，并以相应功能的形式表现出来，实现对象为用户提供的控制服务。传感云平台与对象平台的交互关系形成传感云平台直接控制的物联网控制闭环，整个运行过程由用户主导。

（2）如图 4－12b 所示，经传感云平台云计算后的感知信息传输给电信运营商云平台感知信息系统进行云计算：对感知信息的合法性、有效性等进行验证，对通过验证的感知信息进行解析、分类、过滤、存储等处理。在拥有用户授权（管理云平台代替用户授权）的条件下，感知信息在电信运营商云平台中实现了向控制信息的转换：电信运营商云平台控制信息系统根据感知信息内容生成控制信息传输给传感云平台。控制信息经过传感云平台控制信息系统云计算后传输给对象平台。对象平台控制信息系统通过接收、识别、解析等处理后控制信息，执行控制，并以相应功能的形式表现出来。电信运营商云平台和对象平台的交互关系形成电信运营商云平台控制的物联网控制闭环，整个运行过程由用户主导。

（3）如图 4－12c 所示，经传感云平台、电信运营商云平台云计算后的感知信息传输给服务平台，在拥有用户授权（管理云平台代替用户授权）的条件下，感知信息在服务平台中实现了向控制信息的转换：服务平台感知信息系统对感知信息进行物计算后，服务平台控制信息系统根据感知信息内容生成控制信息传输给电信运营商云平台。控制信息依次经过电信运营商云平台控制信息系统云计算、传感云平台控制信息系统云计算后传输给对象平台。对象平台控制信息系统对控制信息进行接收、识别、解析等处理后执行控制，并以相应功能的形式表现出来。服务平台和对象平台的交互关系形成了服务平台控制的物联网控制闭环，整个运行过程由用户主导。

（4）如图 4－12d 所示，经传感云平台、电信运营商云平台云计算以及服务平台物计算后的感知信息传输给用户，由用户实现感知信息向控制信息的转换：

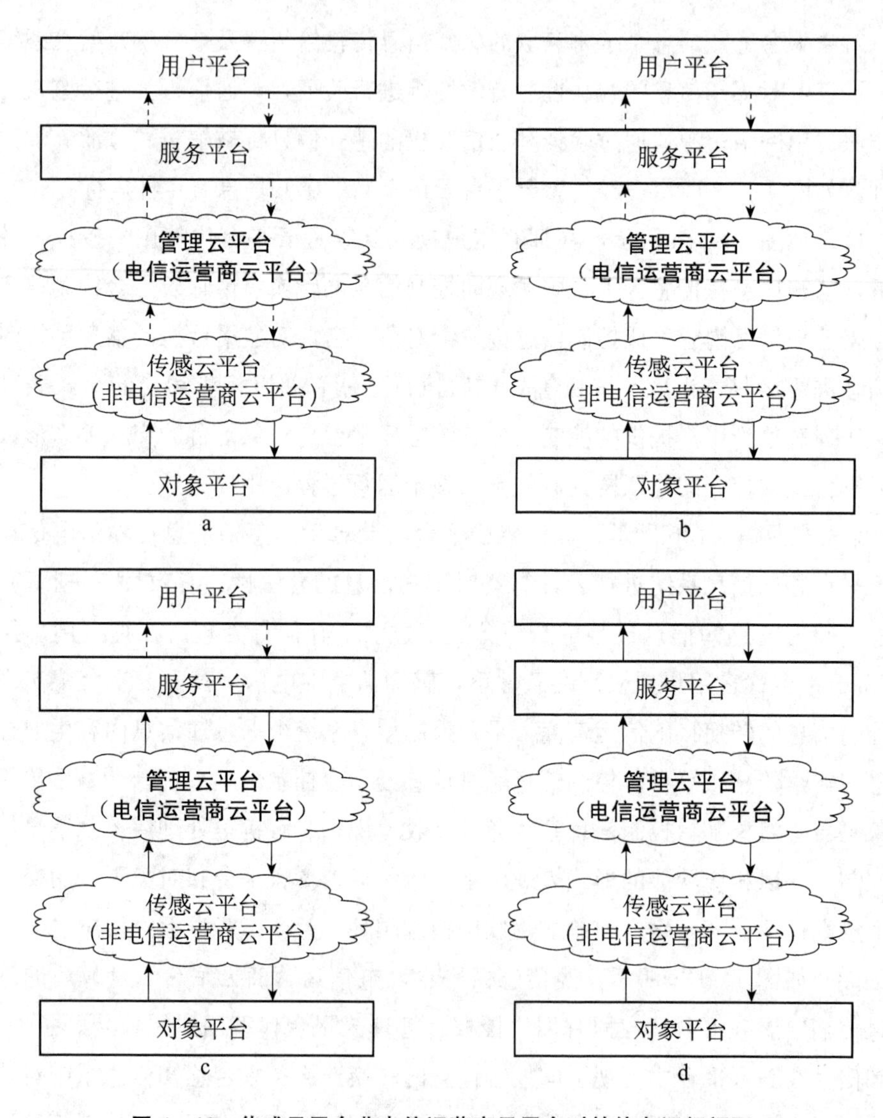


**图 4－12　传感云平台非电信运营商云平台时的信息运行闭环**

用户对感知信息进行分析、判断，生成控制信息传输给服务平台。经服务平台控制信息系统物计算、电信运营商云平台控制信息系统云计算、传感云平台控制信息系统云计算后的控制信息传输给对象平台。对象平台控制信息系统对控制信息进行接收、识别、解析等处理后执行控制，并以相应功能的形式表现出来。用户和对象的交互关系形成了用户平台直接控制的物联网控制闭环，整个运行过程由用户主导。

## 三、服务平台为云平台时的信息运行

在此物联网结构中，服务平台为云平台，传感网络平台未被云平台承接。服务云平台运营者可以为电信运营商，也可以为其他云平台运营者（政府、网络业务运营商、设备运营商和网络运营商中的任一运营者）。

1. 服务云平台为电信运营商云平台

在此物联网结构中，服务云平台运营者同为电信运营商。电信运营商云平台（包含管理云平台、服务云平台）作为桥梁连接着用户平台和传感网络平台，信息通过在传感网络平台、电信运营商云平台中的运行、计算等实现对象和用户的交互。

对象平台感知信息系统将获取的感知信息传输给传感网络平台，由传感网络平台感知信息系统物计算后传输给电信运营商云平台进行云计算：对感知信息的合法性、有效性等进行验证，对通过验证的感知信息进行解析、分类、过滤、存储等处理。如图 4－13 所示，经电信运营商云平台计算后的感知信息有 2 种运行方式。

（1）如图 4－13a 所示，在拥有用户授权（管理云平台代替用户授权）的条件下，感知信息在电信运营商云平台中实现向控制信息的转换：电信运营商云平台控制信息系统根据感知信息内容生成控制信息传输给传感网络平台。控制信息经传感网络平台控制信息系统物计算后被传输给对象平台。对象平台控制信息系统对控制信息进行接收、识别、解析等处理后执行控制，并以相应功能的形式表现出来。电信运营商云平台和对象平台的交互关系形成了电信运营商云平台控制的物联网控制闭环，整个运行过程由用户主导。

（2）如图 4－13b 所示，经电信运营商云平台云计算后的感知信息传输给用户平台，由用户平台实现感知信息向控制信息的转换：用户平台对感知信息进行

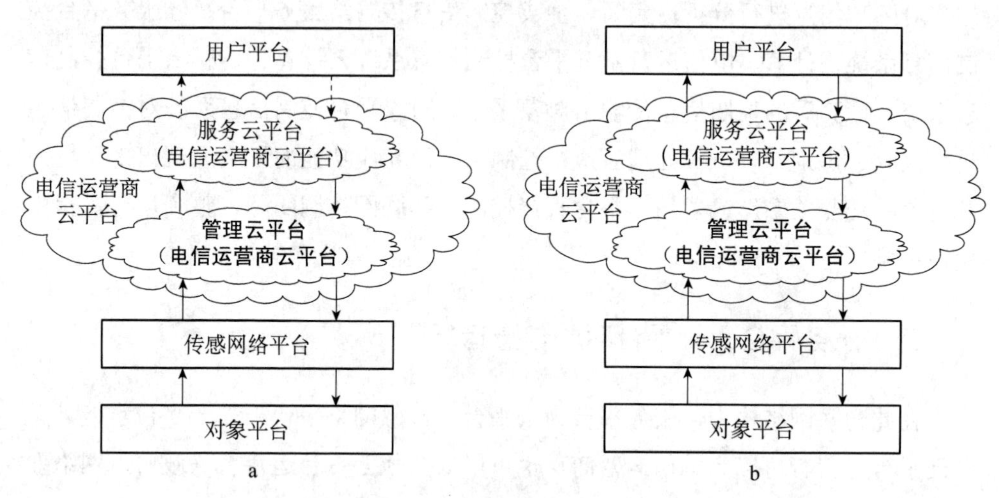


**图 4-13 服务云平台为电信运营商云平台时的信息运行闭环**

分析、判断，生成控制信息传输给电信运营商云平台。控制信息依次经过电信运营商云平台控制信息系统云计算、传感网络平台控制信息系统物计算后被传输给对象平台。对象平台控制信息系统对控制信息进行接收、识别、解析等处理后执行控制，并以相应功能的形式表现出来。用户和对象的交互关系形成了用户平台直接控制的物联网控制闭环，整个运行过程由用户主导。

2. 服务云平台非电信运营商云平台

在此物联网结构中，服务云平台运营者为其他云平台运营者，与管理云平台运营者不同。电信运营商云平台作为桥梁连接着服务云平台和传感网络平台，服务云平台作为桥梁连接着用户平台和电信运营商云平台。信息通过在传感网络平台、电信运营商云平台、服务云平台中的运行、计算等实现对象和用户的交互。

对象平台感知信息系统获取的感知信息传输给传感网络平台进行接收、识别和加工等物计算处理，然后传输给电信运营商云平台进行云计算：对感知信息的合法性、有效性等进行验证，对通过验证的感知信息进行解析、分类、过滤、存储等处理。如图 4-14 所示，传感网络平台处理后的感知信息有 3 种运行方式：

(1) 如图 4-14a 所示，在拥有用户授权（管理云平台代替用户授权）的条件下，经电信运营商云平台云计算的感知信息在电信运营商云平台中转换为控制信息：电信运营商云平台控制信息系统根据感知信息内容生成控制信息传输给传

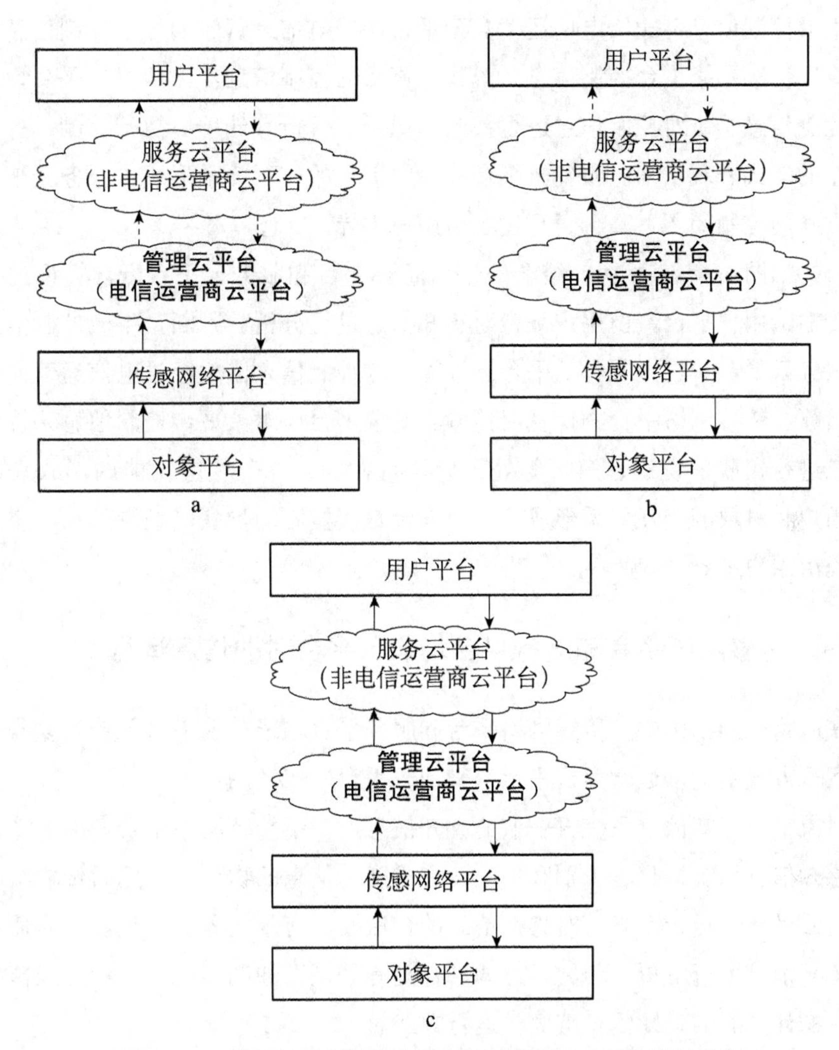


**图 4－14　服务云平台运营者非电信运营商时的信息运行闭环**

感网络平台，由传感网络平台控制信息系统物计算后传输给对象平台。对象平台控制信息系统对控制信息进行接收、识别、解析等处理，然后执行控制，并以相应功能的形式表现出来。电信运营商云平台和对象平台的交互关系形成了电信运营商云平台控制的物联网控制闭环，整个运行过程由用户主导。

（2）如图 4－14b 所示，经传感网络平台物计算、电信运营商云平台云计算后的感知信息传输给服务云平台，由服务云平台感知信息系统对感知信息进行云计算。在拥有用户授权（管理云平台代替用户授权）的条件下，经云计算后的感知信息在服务云平台中转换为控制信息：服务云平台控制信息系统根据感知信息内容生成控制信息传输给电信运营商云平台。经电信运营商云平台控制信息系统云计算、传感网络平台控制信息系统物计算后的控制信息传输给对象平台。对象平台控制信息系统对控制信息进行接收、识别、解析等处理后执行控制，并以相应功能的形式表现出来。服务云平台和对象平台的交互关系形成了服务云平台控制的物联网控制闭环，整个运行过程由用户主导。

（3）如图 4－14c 所示，经电信运营商云平台和服务云平台云计算后的感知信息传输给用户平台，由用户平台对感知信息进行分析、判断，生成控制信息传输给服务云平台。经过服务云平台云计算后的控制信息依次经过电信运营商云平台云计算、传感网络平台物计算后传输给对象平台。对象平台控制信息系统对控制信息进行接收、识别、解析等处理后执行控制，并以相应功能的形式表现出来。用户和对象的交互关系形成了用户平台直接控制的物联网控制闭环，整个运行过程由用户主导。

## 四、传感网络平台和服务平台均非云平台时的信息运行

在此物联网结构中，传感网络平台和服务平台均未被云平台承接。物联网信息的运行方式由电信运营商云平台（管理云平台）代替用户确定。

对象平台感知信息系统将获取的感知信息传输给传感网络平台，由传感网络平台感知信息系统接收、识别和加工，完成感知信息的物计算，然后传输给电信运营商云平台进行云计算：对感知信息的合法性、有效性等进行验证，对通过验证的感知信息进行解析、分类、过滤、存储等处理。如图 4－15 所示，经传感网络平台物计算后的感知信息有 3 种运行方式。

（1）如图 4－15a 所示，在拥有用户授权（管理云平台代替用户授权）的条件下，电信运营商云平台云计算后的感知信息在电信运营商云平台实现向控制信息的转换：电信运营商云平台控制信息系统根据感知信息内容生成控制信息传输给传感网络平台。传感网络平台控制信息系统接收、识别和加工控制信息，完成对控制信息的物计算，然后将控制信息传输给对象平台。对象平台控制信息系统对控制信息进行接收、识别、解析等处理后执行控制，并以相应功能的形式表现出来。管理云平台和对象平台的交互关系形成了管理云平台控制的物联网控制闭环，整个运行过程由用户主导。

（2）如图 4－15b 所示，经传感网络平台物计算、电信运营商云平台云计算

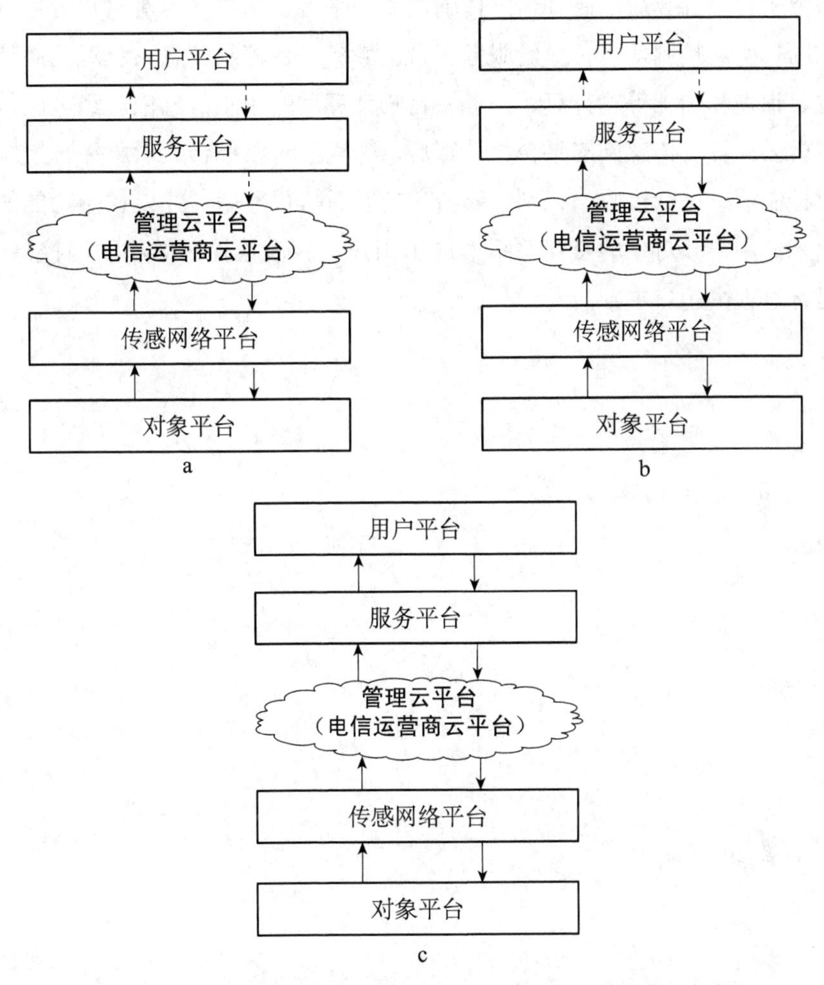


**图 4-15 传感网络平台和服务平台均非云平台时的信息运行闭环**

后的感知信息传输给服务平台进行物计算。在拥有用户授权（管理云平台代替用户授权）的条件下，感知信息在服务平台实现向控制信息的转换：服务平台控制信息系统根据感知信息内容生成控制信息传输给电信运营商云平台。控制信息依次经过电信运营商云平台控制信息系统云计算、传感网络平台控制信息系统物计算后传输给对象平台。对象平台控制信息系统对控制信息进行接收、识别、解析等处理后执行控制，并以相应功能的形式表现出来。服务平台和对象平台的交互关系形成了服务平台控制的物联网控制闭环，整个运行过程由用户主导。

（3）如图 4-15c 所示，经传感网络平台物计算、电信运营商云平台云计算以及服务平台物计算后的感知信息传输给用户平台。用户平台对感知信息进行分析、判断，生成控制信息传输给服务平台。服务平台控制信息系统对控制信息进行接收、识别和加工等物计算。服务平台物计算后的控制信息依次经过电信运营商云平台云计算、传感网络平台物计算后，传输给对象平台。对象平台控制信息系统对控制信息进行接收、识别、解析等处理后执行控制，并以相应功能的形式表现出来。用户和对象的交互关系形成了用户平台直接控制的物联网控制闭环，整个运行过程由用户主导。

# 第五章
# 监管物联网

云平台参与的物联网和云平台管理的物联网（以下将二者简称为“业务物联网”）是为用户提供公共云服务的物联网。在业务物联网中，用户授权云平台运营者，为用户提供公共信息计算、存储、管理等服务，使得云平台运营者通过云计算、虚拟资源分享、智能管理等新型云服务管理模式，参与到经济、政治、文化等社会活动的运作中，从而提升信息服务质量，实现网络信息资源的高度互联和共享，满足业务物联网用户的信息需求。

在业务物联网中，云平台运营者通过和用户进行信息交互，获得大量用户数据，并通过网络向用户传输其所需信息进行获利。信息的开放共享必然带来信息保护的问题。受云平台运营者终端设备、通信方式、网络应用场景等条件的制约，在这一过程中存在着大量的风险。如用户所需信息数据来源是否经过合法授权和备案；用户所获信息内容是否合理合法；云平台运营者提供的信息资源服务是否经过授权等。用户在获得云平台信息服务的同时，也对自身的信息安全、云数据存储、隐私保护等问题存在诸多担忧，而封闭的信息保护，又会增加云平台数据共享的难度，不利于业务物联网用户信息需求的满足和云平台运营者自身需求的实现。

用户为了保护自身信息和信息运行的安全，授权管理平台为用户制定相应的管理服务策略，对业务物联网和云平台本身进行监管，以满足用户需求，保证业务物联网中信息运行的安全性和云平台自身行为的合法性，形成监管物联网（以下简称“监管网”）。

在监管网用户的授权下，监管网主要监管业务物联网和云平台，监管范围包括：业务物联网中信息整体运行的合法性和安全性、云平台信息来源是否得到授权、云平台信息内容是否合法、云平台服务是否经过授权等，但监管网不对云平台物联网的主业务进行监管，从而在保证云平台物联网信息运行效率的同时，实现监管网的功能，保障监管网用户的合法权益。由此，形成了“业务物联网监管网”和“云平台监管网”两种类型的监管网。

## 第一节　业务物联网监管网的结构

业务物联网监管网是在用户平台的需求主导下产生的复合物联网，功能体系由用户平台、服务平台、管理平台、传感网络平台以及所监管的对象平台组成，监管网结构如图5-1所示。

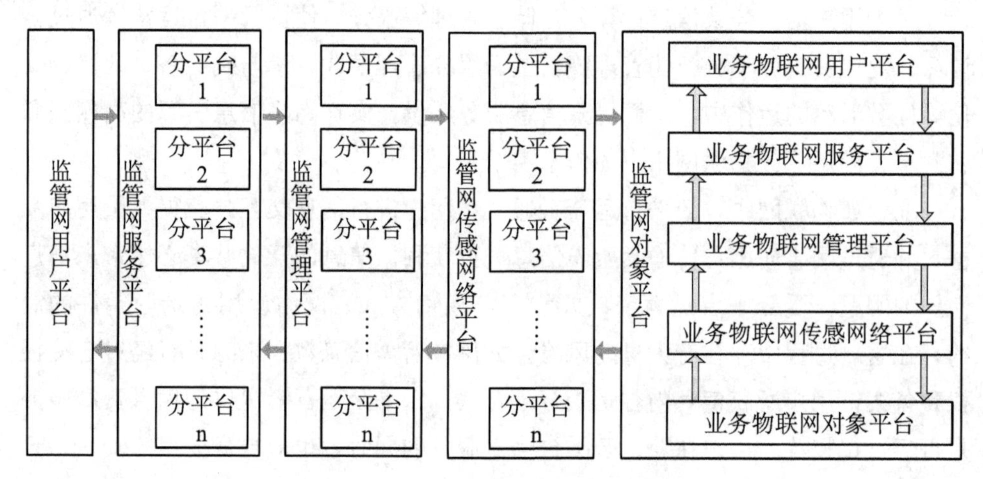


**图5-1　业务物联网监管网的结构**

在业务物联网监管网的结构中，监管网对象平台为业务物联网整体。在业务物联网中，用户平台在实现自身需求的前提下主导业务物联网的运行，从业务物联网中获取信息，并将该信息用于自身生产生活或商务活动中，以获得相关利益，满足自身的主导性需求。监管网管理平台以实现监管网用户平台利益需求为主导，由监管网用户平台授权，为监管网用户提供管理服务，需对业务物联网中的用户平台的信息获取行为进行监管，保障监管网用户利益需求的实现。监管网对业务物联网整体的监管，是对业务物联网的信息运行和五个功能平台的功能表现实施的监管。

## 一、监管网用户平台

业务物联网在加快社会信息化建设中起着重要的作用，它们满足业务物联网用户的信息需求并从中获取利润，为用户的生产生活提供了方便，提高了用户利用信息的能力。用户在获取云平台服务的同时，对其信息的保护将面临更多、更特殊的挑战。比如云计算技术的不完善、云计算标准的不统一、数据流动引发的法律风险等，也将成为用户和云平台运营者必须直面的问题。

监管网用户平台从自身利益需求出发，授权监管网管理平台对业务物联网中的信息进行统筹管理，获取监管网提供的信息监管服务，保障监管网用户平台的

信息安全。监管网用户平台是监管网服务的主体，主导组建监管网，保证自身在信息时代能够安全、合法、有尊严地参与社会生活，结合云平台运营者信息服务的特点，合法实现自身需求。

## 二、监管网服务平台

监管网服务平台由承担不同职能的服务分平台构成，为监管网用户平台提供不同的信息传输服务，是监管网信息服务的提供者。

在现代社会，对监管网用户平台的需求日趋多样化，监管网服务平台以监管网用户平台的需求为本，对业务物联网中的海量数据资源实施监管，能够使公共信息资源得到合法、有效的配置，更加合理充分地满足监管网用户平台的需求。

## 三、监管网管理平台

监管网管理平台在监管网用户平台需求的驱动下，为监管网用户平台提供服务，满足其需求。处于不同业务领域的管理部门形成不同管理分平台，开展针对业务物联网的统筹监管工作。

监管网管理平台掌握着众多数据，拥有专门的数据统计管理分平台、大数据管理和分平台等，不同管理分平台各自拥有专有的大数据系统，通过各管理分平台的协同合作，能够协调整合不同领域、不同产业、不同用途的数据资源，对业务物联网中的海量数据进行有效监管。

监管网管理平台通过监管网服务平台与监管网用户平台进行信息传递，能够感知和了解监管网用户平台的主导性需求信息，为监管网用户平台提供高效率的信息监控管理服务。

## 四、监管网传感网络平台

监管网传感网络平台处于监管网管理平台与监管网对象平台之间，由不同的传感通信方式组成。不同的传感通信方式形成不同的传感网络分平台，实现相应各管理分平台与监管对象之间的传感通信，包括同一管理分平台与不同监管对象分平台间的传感通信、不同管理分平台与相同或不同监管对象分平台间的传感通信。

监管网传感网络分平台由各通信领域的职能单位和不同的社会公共事业单位平台运营者支撑形成，是服务监管网用户平台的公共信息传输平台。如工商领域的网络市场监管信息化平台、财政领域的财务在线申报系统、各行业信息平台、各市场监管信息公共服务平台等。

### 五、监管网对象平台

监管网对象平台由业务物联网中的用户平台、服务平台、管理平台、传感网络平台和对象平台组成。业务物联网中各功能平台分别支撑形成监管网对象平台中的各个对象分平台。各对象分平台在监管网管理平台的监督管理下，在业务物联网中开展各自的平台业务，表现各自的功能。

## 第二节 业务物联网监管网的信息运行

### 一、监管业务物联网用户平台的信息运行过程

监管业务物联网用户平台的信息运行过程，是监管网管理平台针对监管对象平台中业务物联网用户平台的信息获取行为，开展监督管理工作而形成的信息运行过程，包括云平台用户信息获取行为感知信息和云平台用户信息获取行为控制信息的运行过程，如图 5-2 所示。

在业务物联网用户平台信息获取行为感知信息的运行过程中，业务物联网用户平台作为被监管对象，其信息获取行为以感知信息的形式经相应的监管网传感网络分平台传输至监管网管理平台。相应的监管网管理分平台对业务物联网用户平台信息获取行为感知信息进行处理后，再通过相应的监管网服务分平台，向监管网用户平台传达监管对象平台中业务物联网用户平台的信息获取行为信息，由此完成业务物联网用户平台信息获取行为感知信息的运行过程。

在业务物联网用户平台信息获取行为控制信息的运行过程中，通常相应的监管网管理分平台在监管网用户平台的授权下，直接根据获取到的监管对象平台中

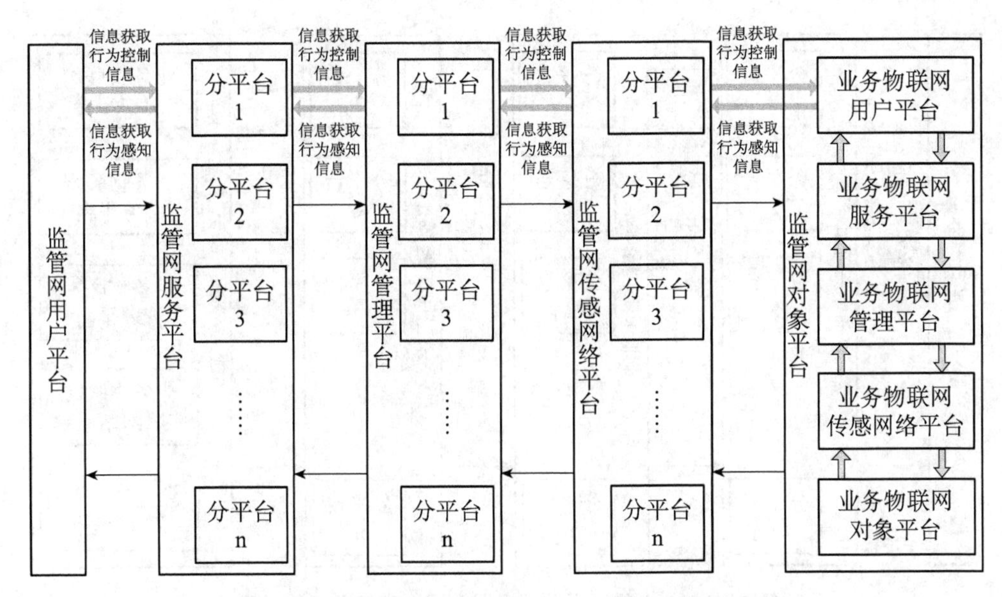


**图5-2　业务物联网监管网服务用户平台的信息运行过程**

业务物联网用户平台的信息获取行为感知信息开展相应的控制管理工作。监管网管理分平台生成业务物联网用户平台经营行为控制信息，并通过相应的传感网络分平台向业务物联网用户平台传达，业务物联网用户平台再根据控制信息的内容执行相应的信息获取行为。

## 二、监管业务物联网服务平台的信息运行过程

监管业务物联网服务平台的信息运行过程，是监管网管理平台在监管对象平台中的业务物联网服务平台的服务通信运营行为时，形成的信息运行的过程，包括云平台服务通信运营行为感知信息和云平台服务通信运营行为控制信息的运行过程，如图5-3所示。

业务物联网服务平台服务通信运营行为感知信息的运行过程中，业务物联网服务平台将服务通信运营行为感知信息通过相应监管网传感网络分平台，传输至相应监管网管理分平台进行处理，再通过相应监管网服务分平台将该感知信息传输给监管网用户平台，完成业务物联网服务平台服务通信运营行为感知信息的运行过程。

业务物联网服务平台服务通信运营行为控制信息的运行过程中，相应监管网管理分平台在用户平台的授权下，直接对业务物联网服务平台进行控制管理。监

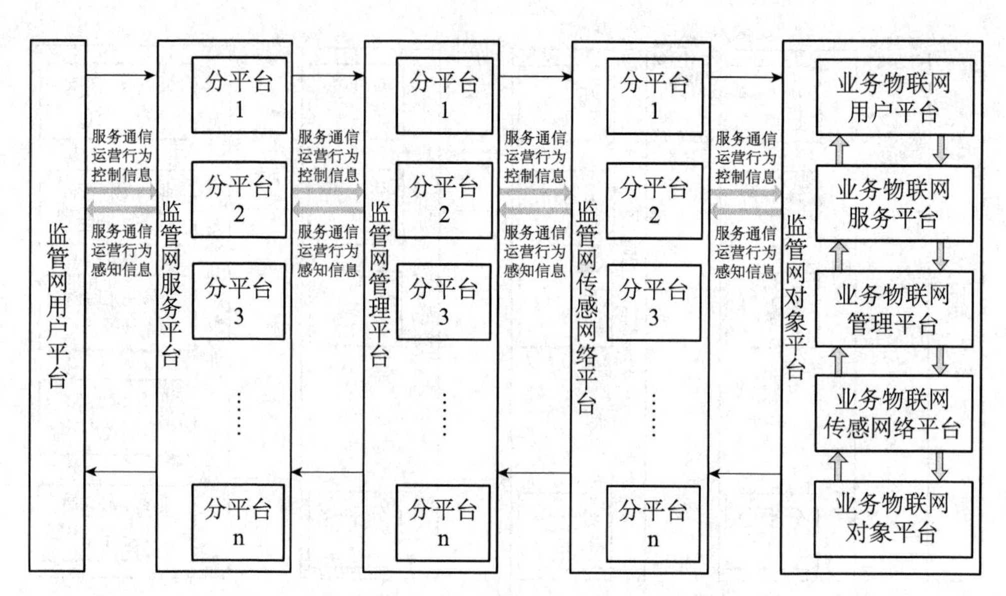


**图 5-3　业务物联网监管网服务平台的信息运行过程**

管网管理分平台根据获取到的业务物联网服务平台服务通信运营行为感知信息，生成运营行为控制信息，再通过相应监管网传感网络分平台传输到业务物联网服务平台，由业务物联网服务平台执行控制信息。

## 三、监管业务物联网管理平台的信息运行过程

监管业务物联网管理平台的信息运行过程，是监管网管理平台在监管对象平台中管理平台的统筹管理运营行为时形成的信息运行的过程，包括管理平台信息管理感知信息和云平台管理平台信息管理控制信息的运行过程，如图 5-4 所示。

在业务物联网中管理平台信息管理感知信息的运行过程中，管理平台的信息管理运营行为信息以感知信息的形式，通过监管网相应传感网络分平台传输至相应的监管网管理分平台进行处理，再通过监管网服务分平台将该感知信息传输给用户平台，完成业务物联网中管理平台信息管理感知信息的运行过程。

在业务物联网中管理平台信息管理控制信息的运行过程中，相应监管网管理分平台在用户平台的授权下，直接控制和管理业务物联网中管理平台，根据获取到的信息管理感知信息生成信息管理控制信息，再通过相应监管网传感网络分平台传输到业务物联网管理平台，由业务物联网管理平台按要求执行控制信息。

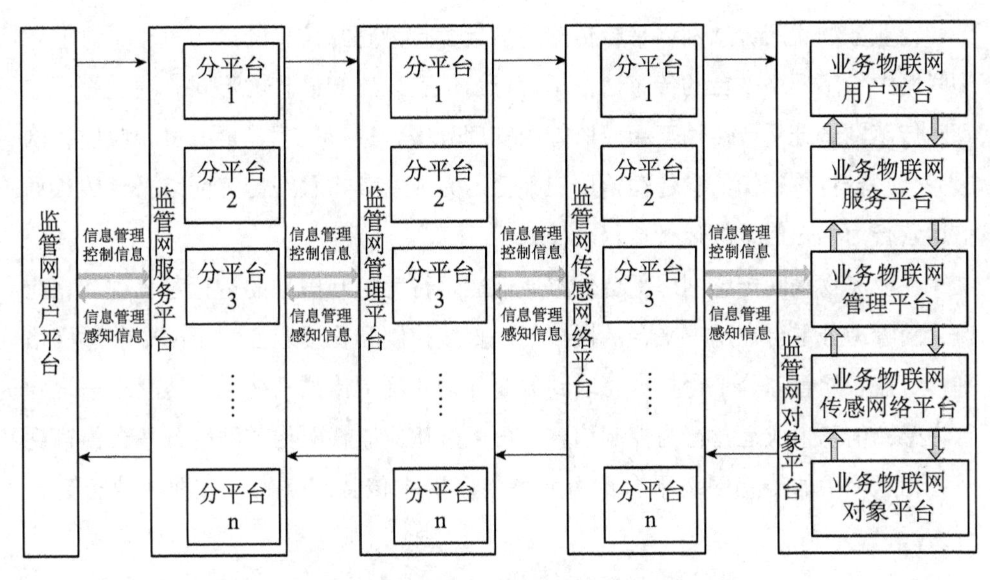


图 5-4　业务物联网监管网管理平台的信息运行过程

## 四、监管业务物联网传感网络平台的信息运行过程

监管业务物联网传感网络平台的信息运行过程，是监管网管理平台监管业务物联网传感网络平台的传感通信运营行为的信息运行过程，包括业务物联网传感网络平台传感通信运营行为感知信息的运行过程和控制信息的运行过程，如图 5-5 所示。

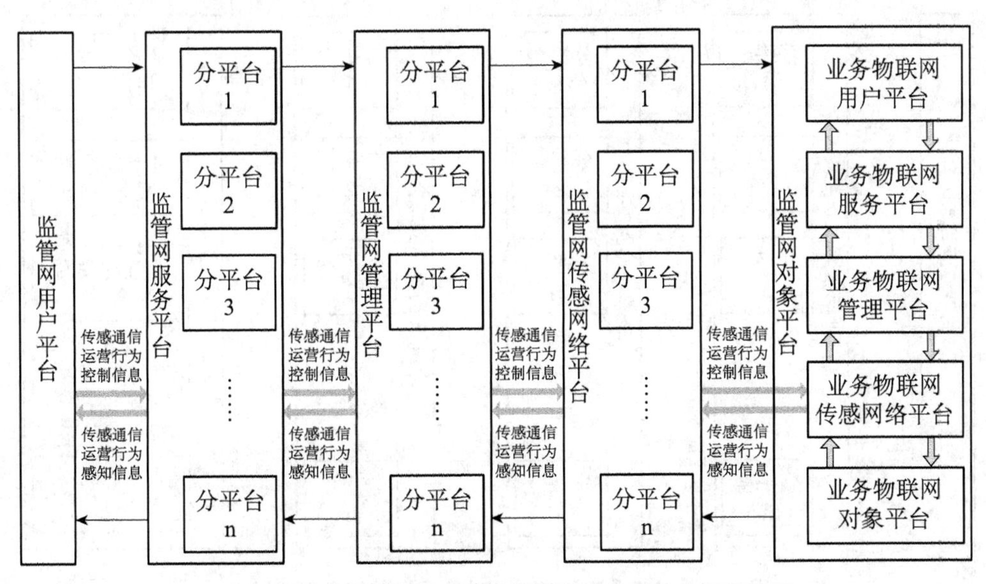


图 5-5　业务物联网监管网传感网络平台的信息运行过程

在业务物联网传感网络平台传感通信运营行为感知信息的运行过程中，业务物联网中传感网络平台的传感通信运营行为信息以感知信息的形式，通过相应监管网传感网络分平台传输至相应监管网管理分平台进行处理，再通过相应监管网服务分平台将该感知信息传输给用户平台，完成业务物联网传感网络平台传感通信运营行为感知信息的运行过程。

在业务物联网传感网络平台传感通信运营行为控制信息的运行过程中，相应监管网管理分平台在用户平台的授权下，直接控制和管理业务物联网中传感网络平台。监管网管理分平台根据获取到的业务物联网中传感网络平台传感通信运营行为感知信息生成运营行为控制信息，再通过相应监管网传感网络分平台传输到业务物联网中的传感网络平台，由业务物联网中传感网络平台按要求执行运营行为。

## 五、监管业务物联网对象平台的信息运行过程

监管业务物联网中对象平台的信息运行过程，是管理平台针对业务物联网中对象平台的数据来源，开展监督管理工作而形成的信息运行过程，包括业务物联网对象平台数据来源感知信息的运行过程和业务物联网对象平台数据来源控制信息的运行过程，如图 5－6 所示。

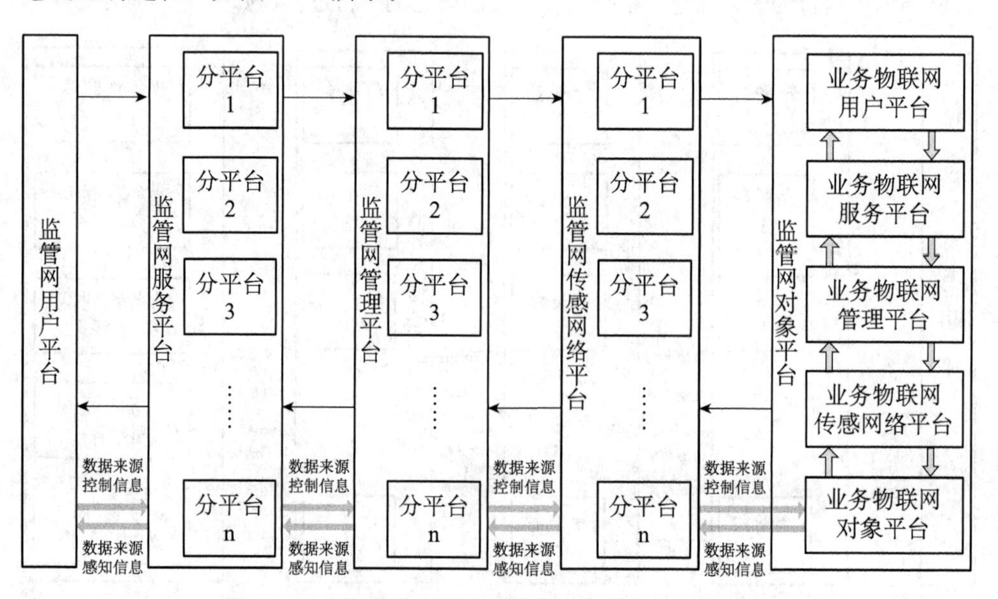


**图 5－6 业务物联网监管网对象平台的信息运行过程**

在业务物联网中对象平台数据来源感知信息的运行过程中，业务物联网对象平台的数据来源感知信息通过相应监管网传感网络分平台，传输至相应监管网管理分平台进行处理后，再通过相应监管网服务分平台传输给监管网用户平台，完成业务物联网中对象平台感知信息的运行过程。

在业务物联网中对象平台数据来源控制信息的运行过程中，相应监管网管理分平台在用户平台的授权下，直接管理对象平台的数据来源，生成相应的数据来源控制信息，通过相应监管网传感网络分平台传输到业务物联网中的对象平台，促使业务物联网中的对象平台合法向云平台提供数据信息。

## 六、业务物联网监管网的信息整体运行过程

监管网中，管理平台同时对业务物联网中的用户平台、服务平台、云平台管理平台、传感网络平台、对象平台进行监管，形成监管网的信息整体运行过程，如图 5－7 所示。其中，当业务物联网用户平台以营利为目的获取信息时，监管网管理平台对其实施监管。

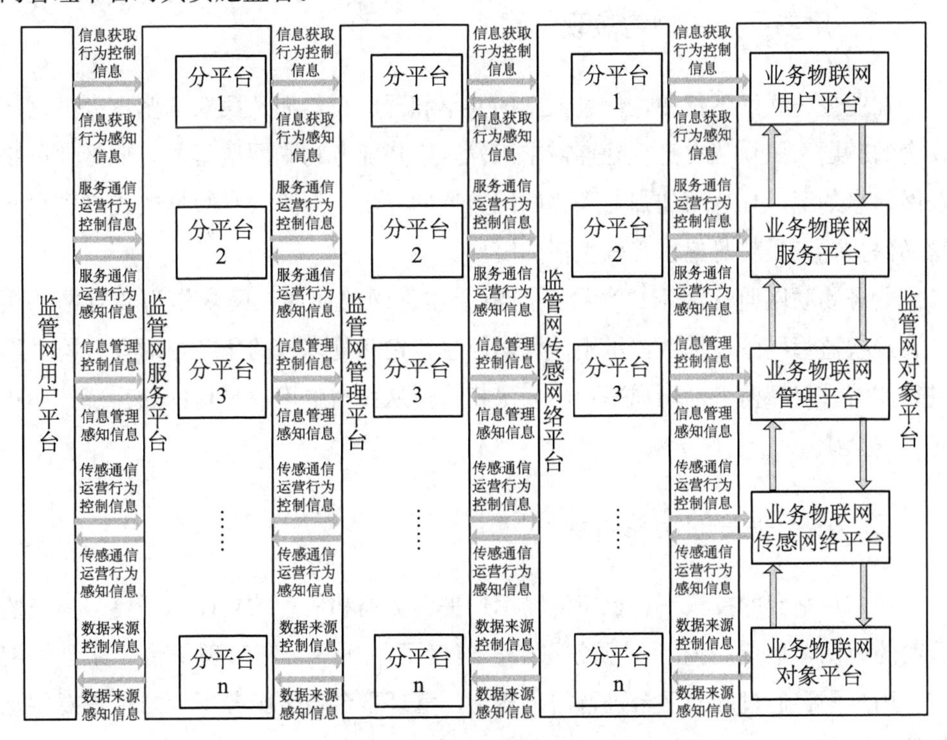


图 5－7 业务物联网监管网的信息整体运行过程

在监管网的信息整体运行过程中，各被监管对象分平台在相应管理分平台的统筹监管下，通过服务分平台和传感网络分平台服务通信与传感通信的连接，与用户平台形成不同的单体物联网信息运行闭环。这些不同的单体物联网信息运行闭环不仅以共同用户为节点，同时也可基于某一个或多个共同的服务分平台、管理分平台、传感网络分平台形成不同的节点。在这些节点的联结下，对各被监管对象分平台进行监管形成的信息运行过程构成业务物联网监管网信息运行整体。

## 第三节 业务物联网监管网的功能表现

监管网管理平台为维护用户平台的利益，对业务物联网中的五个功能平台实施监管，规范业务物联网中的信息交易行为。在运行过程中，监管网各功能平台形成不同的功能表现。

### 一、用户平台的功能表现

在业务物联网运行中，信息数据的共享和开放自然涉及民众的基本人身财产安全的问题。民众从自身主导性需求出发，组建业务物联网监管网，监管业务物联网信息的运行，从而加强业务物联网数据的安全，保障自身数据的正确利用和隐私保护，满足自身追求美好生活的需要。

业务物联网监管网用户平台主导整个监管网的形成，民众作为监管网的用户，授权监管网管理平台，承担监管网信息传输和管理者的角色，对业务物联网进行监管，保障监管网用户平台的合法权益，从而增强用户平台的获得感、幸福感、安全感。

### 二、服务平台的功能表现

在用户平台的授权下，承担传输用户平台数据和信息的功能的平台，参与监管网的组网，形成了监管网服务平台，连接了用户平台和管理平台。在监管网中，用户平台通过服务平台进行需求输出，管理平台通过服务平台向用户提供感知控制服务。

服务平台拥有监管网服务感知信息和控制信息传输的垄断权，在涉及为用户提供社会治理时，各服务分平台能够通过专项专用的流通渠道，汇集、筛查和利用所需数据并进行数据审核和处理，较大程度地保障用户平台数据的安全性，实现用户平台的需求。

## 三、管理平台的功能表现

管理平台是对整个监管网进行全面统筹管理的功能平台，为用户平台需求的实现提供管理服务，满足用户平台的需求，实现用户意志，保障用户权益。

在用户平台的主导下，监管网管理平台针对业务物联网信息资源存储、处理、传输和营销方面制定了相关的政策，从业务物联网所运行的信息内容、服务内容和数据来源等方面入手，确保公共信息安全，引导和约束业务物联网和云平台的行为，对业务物联网信息运行及安全保护能力进行检验认证，为用户平台提供高效全面的信息管理服务，满足用户平台的需求，保障用户权益。

## 四、传感网络平台的功能表现

在监管网中，传感网络平台是连接管理平台与对象平台，实现二者信息交互的功能平台，在用户平台的授权下，接受管理平台的管理，为用户平台提供传感通信服务。

传感网络分平台支撑主体是各相关行政职能部门和各社会运营商，在功能表现上将被监管对象在业务物联网中的行为感知信息传输至管理平台，同时也以不同方式将管理平台的监管指令传输给相应的被监管对象。

## 五、对象平台的功能表现

监管网在用户平台的利益需求主导下运行。为满足用户的主导性需求，监管网中管理平台将业务物联网用户平台、服务平台、管理平台、传感网络平台和对象平台作为监管网中的对象平台进行监管。

在监管网中，管理平台依据相关法律法规、条例和标准，对业务物联网实施监管，保证业务物联网在运行中，能够为用户提供安全、稳定、可靠的大数据、云计算等云服务。其中，业务物联网用户平台、管理平台和对象平台是该业务物联网中的活动主体，直接关系着监管网中用户平台的利益。监管网对业务物联网的监管，重点是对业务物联网中用户平台、云平台管理平台和信息拥有者对象平台的监管。

1. 业务物联网用户平台为监管网对象平台

业务物联网用户平台作为业务物联网整体服务的享受者，主导着业务物联网的组网，控制着业务物联网的信息运行，从业务物联网中有偿获取满足自身需求的信息资源，利用云平台传输的信息提升自身商业经营活动的价值，实现商务利益。

业务物联网用户平台从云平台中获取信息用于商务经营活动或自身获利的行为属于商业行为，监管网管理平台为维护用户平台的合法权益，需要对业务物联网用户平台的信息获取行为进行监管。业务物联网用户平台在监管网相关的管理分平台的监管下，表现自身功能，如图 5－8 所示。

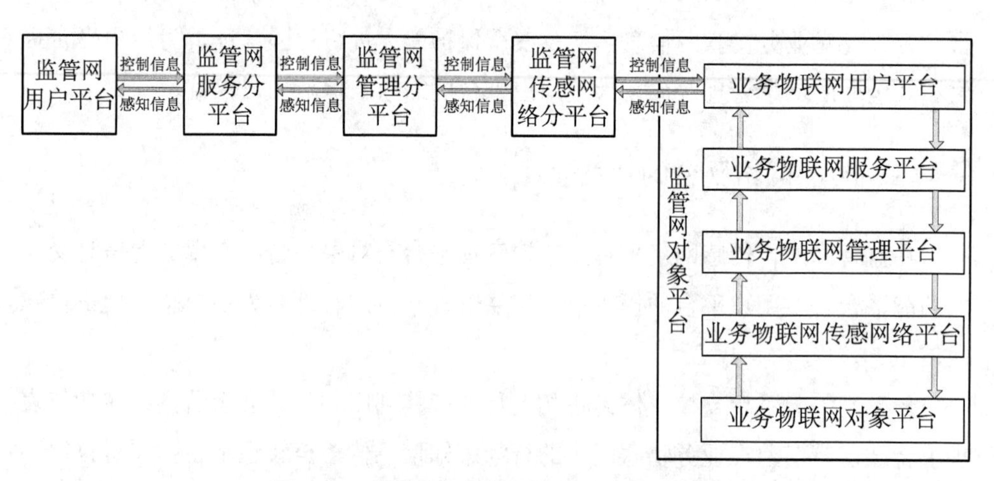


**图 5－8 监管业务物联网用户平台的物联网**

业务物联网用户平台在监管网的管理下，作为对象分平台接受监管网管理平台的监管，参与监管网的组网，以满足监管网用户平台的需求。

在业务物联网中，用户平台通过主导业务物联网的运行，获取有价值的信息，实现商务利益，满足自身在业务物联网中的主导性需求。当业务物联网用户平台参与监管网的组网，作为监管网对象平台时，需要为监管网用户平台提供服务，规范自身信息获取行为，从而获得监管网管理平台相关职能部门对其行为的合法性认可，实现自身在监管网中的参与性需求，受到法律的保护和约束，合法有效地开展商业活动，更好地实现自身的利益需求。

2. 业务物联网服务平台为监管网对象平台

在业务物联网中，服务平台是业务物联网用户平台和管理平台之间的信息传输通道，其本身可以是云平台也可以不是云平台，在管理平台的统筹下为业务物联网用户平台提供数据传输服务，并从中获取相应的利益，实现自身的参与性需求。

在监管网中，管理平台为维护用户平台的合法权益，对业务物联网服务平台传输的信息和运营行为进行监管。业务物联网服务平台在监管网管理平台的监管下，形成业务物联网服务平台监管网，如图 5-9 所示。

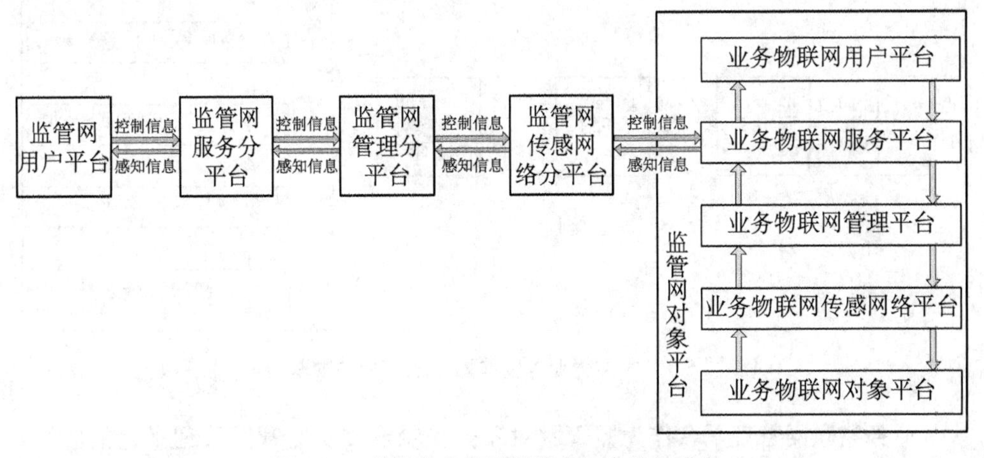


**图 5-9 监管业务物联网服务平台的物联网**

监管网以用户平台的需求为主导，业务物联网服务平台在管理平台的监管下，作为对象分平台参与监管网的组网。

监管网在满足用户平台主导性需求的基础上，也满足参与监管网的业务物联网服务平台的参与性需求，保障其合法经营的权益。因此，业务物联网服务平台参与监管网，为监管网用户平台服务，以获得相关行政职能部门的经营许可，合法地为业务物联网用户平台和管理平台传输数据信息，更好地实现自身在业务物联网中的利益需求。

3. 云平台业务物联网中的管理平台为监管网对象平台

业务物联网管理平台，能够管理和获取业务物联网各平台和云平台提供的所有信息，包括获取数据来源方和数据使用方的信息，并通过数据挖掘和技术分析，从中提取有用信息，转化为商业资源提供给感兴趣的用户，从而实现自身在业务物联网中的利益。

在监管网用户平台的主导下，监管网管理平台的功能是从满足用户平台的需求出发，为用户平台提供相应的法律保障。因此，需要将业务物联网管理平台作为监管网中的对象平台进行监管，保证业务物联网管理平台能够合法地获取信息和提供信息，为监管网服务。业务物联网管理平台在监管网相关管理分平台的监管下，形成业务物联网管理平台监管网，表现出相应的功能，如图 5－10 所示。

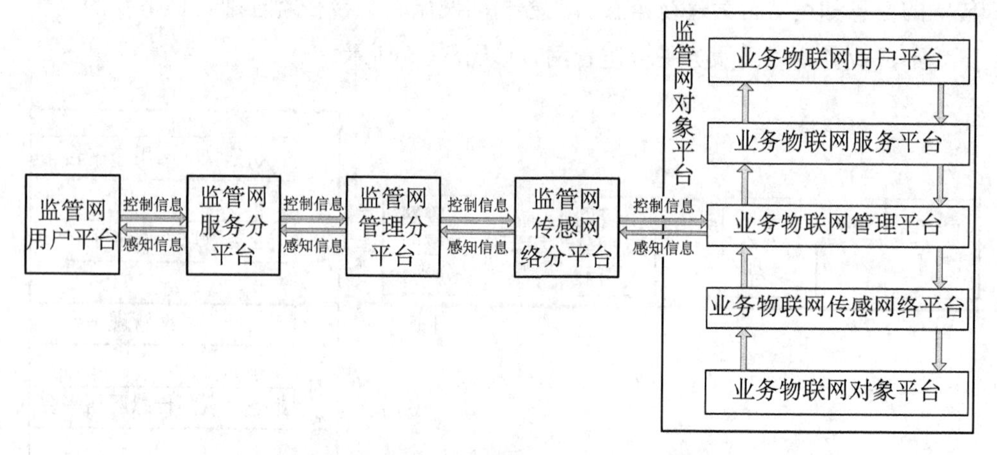


**图 5－10　监管业务物联网管理平台的物联网**

业务物联网管理平台作为监管网对象分平台，接受监管网管理平台的监管，以监管网用户平台的需求为主导，参与监管网的组网，在信息内容、服务方式、服务内容、数据来源、营收利润等方面接受监管网管理平台的合法监督和管理。

监管网管理平台对业务物联网管理平台所拥有的数据进行监管，保证其信息来源的合法性，保障用户的数据信息安全，维护用户平台的合法权益。

4. 云平台业务物联网中的传感网络平台为监管网对象平台

在业务物联网中，传感网络平台是业务物联网对象平台和管理平台之间的信息传输通道，其本身可以是云平台也可以不是云平台，在业务物联网管理平台的组织下为业务物联网提供信息源数据传输服务，从而获取用户平台给予的服务费用，实现自身参与业务物联网的利益需求。

监管网管理平台为保证数据公开和传输的合法性，维护监管网用户平台的合法权益，对业务物联网传感网络平台传输的信息和运营行为进行监管。业务物联网传感网络平台在监管网管理平台的监管下，形成业务物联网传感网络平台监管网，表现出相应的功能，如图 5-11 所示。

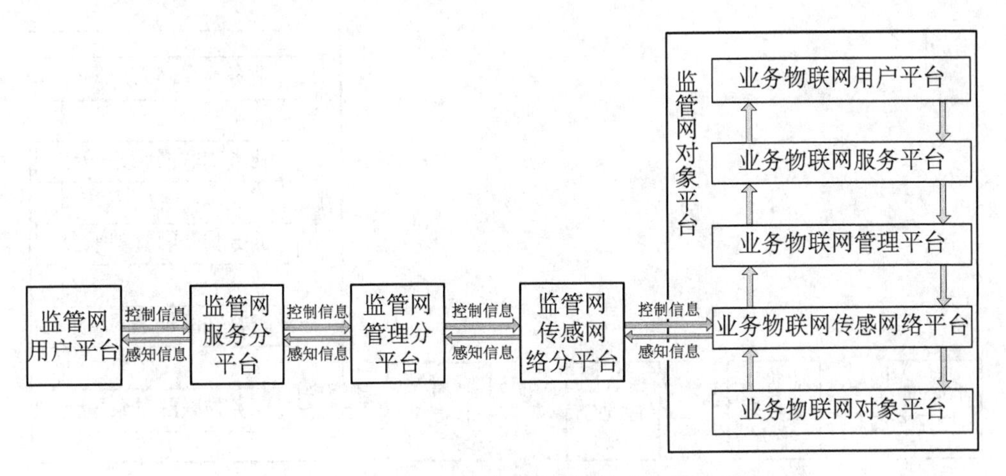


**图 5-11　监管业务物联网传感网络平台的物联网**

业务物联网传感网络平台在监管网管理平台的管理下，作为对象分平台接受监管网的监管，参与监管网的组网。

业务物联网传感网络平台承担着对象平台和管理平台运营商之间数据传输的功能，在网络信息传输和云端数据接收等方面发挥着重要作用，关系着所有业务物联网数据资源使用者和提供者的切身利益。因此，监管网管理平台以服务监管网用户平台的主导性需求为宗旨，约束和规范业务物联网传感网络平台的信息传输行为，并对合法业务物联网传感网络平台运营商的经营资质做出肯定，保障其合法经营的权益，满足其参与监管网组网的参与性需求。业务物联网传感网络平台则可参与监管网，为监管网用户平台服务，以满足监管网管理平台的要求，合法地为业务物联网对象平台和管理平台传输数据信息，更好地实现自身利益。

5. 云平台业务物联网中的对象平台为监管网对象平台

在业务物联网中，对象平台是整个业务物联网信息服务的提供者，用户平台所需求的数据信息均由对象平台满足。在业务物联网管理平台的组织下，业务物联网的对象平台作为服务的提供方，经管理平台处理后将数据信息提供给用户平台，从而获取相应的报酬，满足自身的参与性需求。

在监管网中，用户平台为明确自身所需数据来源，维护自身的合法权益，授权管理平台监管业务物联网中的对象平台。监管网管理平台将业务物联网对象平台作为监管网中的对象平台进行监管，主要是对其信息来源进行监管，并形成监管业务物联网对象平台的物联网，表现出相应的功能，如图 5－12 所示。

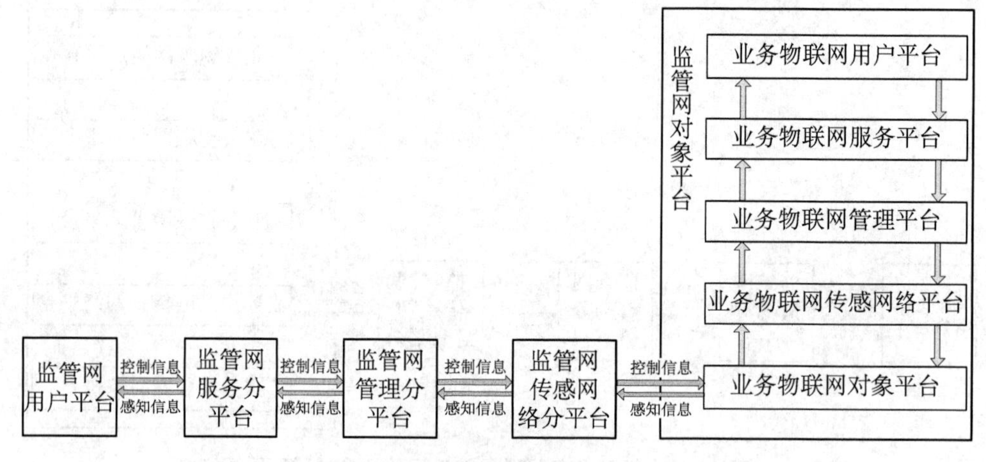


**图 5－12　监管业务物联网对象平台的物联网**

在监管网管理平台的监管下，业务物联网对象平台作为监管网对象平台的分平台接受监管网管理平台的监管，参与监管网的组网，在信息提供方面接受监管网管理平台的监督管理。

业务物联网对象平台作为业务物联网的服务提供方，可以是信息本身的拥有者，也可以是信息的被授权使用者。业务物联网对象平台在向用户平台提供信息服务时，需明确信息归属、使用权限和适用范围。业务物联网对象平台在使用非本身所有的信息为用户提供服务时，业务物联网对象平台需通过信息所有者的授权。监管网管理平台在对业务物联网对象平台进行监管，确认对其信息归属、使用权限和适用范围等的合法性。

## 第四节　云平台监管网

在业务物联网中，云平台将云计算作为一种服务提供给有需求的用户，包括基础设施、平台、软件、数据等服务，并获取相应的服务费用。在用户的授权下，云平台能够传输或处理业务物联网中运行的信息，业务物联网中所有平台的数据拥有者都可将数据交由云平台进行处理，包括业务物联网中对象平台、传感网络平台、管理平台、服务平台、用户平台以及云平台自身的数据信息。因此，云平台中存储的数据量庞大、信息繁杂，各平台之间、各数据实体之间的关系也较为复杂。

由于云计算、大数据等服务是一种共享式的数据存储传输服务，直接由云平台运营者提供，业务物联网用户平台虽能根据自身需求，定制和主导所需信息在业务物联网内的运行，享受云平台运营者提供的服务，但无法直接控制云平台存储在云端的数据资源，数据来源也并不掌握在业务物联网用户平台手中。因此，相关用户需要从自身利益出发，对云平台提供的信息和服务进行监管。

在监管网用户平台的主导下，监管网管理平台需对云平台所拥有的数据进行监管，建立起云平台监管网，从而保证其信息来源的合法性，保障用户数据信息的安全，维护用户平台的合法权益。

## 一、云平台监管网的结构

云平台监管网是在监管网用户平台的需求主导下产生的，功能体系由监管网用户平台、服务平台、管理平台、传感网络平台以及所监管的对象平台组成，云平台监管网的结构如图 5－13 所示。

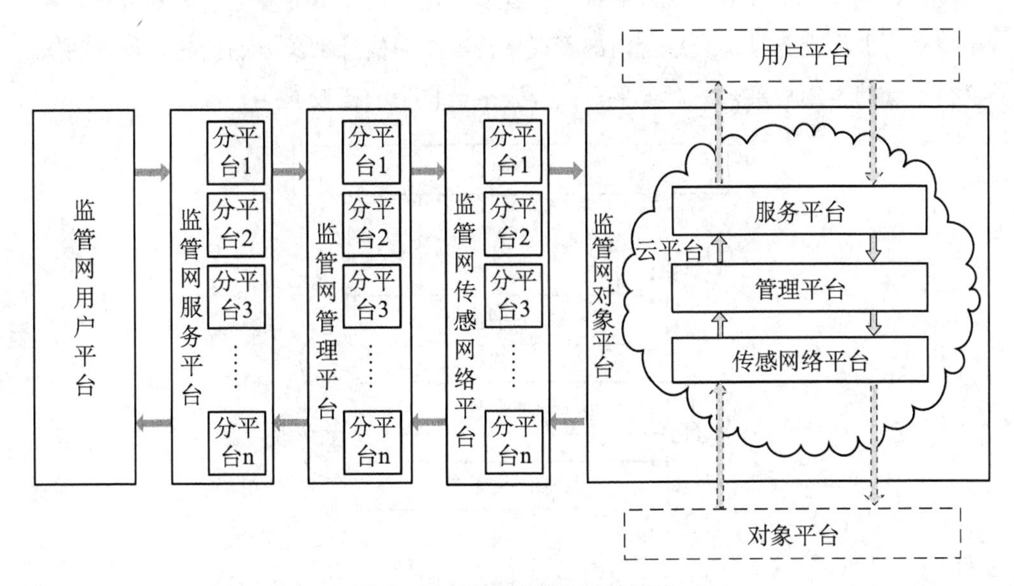


**图 5－13　云平台监管网的结构**

云平台监管网的结构中，监管网对象平台为云平台。云平台内部由服务平台、管理平台和传感网络平台组成，从外部的对象平台中获取信息，为外部的用户提供的服务，共同构成云平台物联网。因此，监管网对云平台的监管，实质上是对云平台内部服务平台、管理平台和传感网络平台的监管，不对位于云平台外部的云平台的用户平台和对象平台进行监管。

监管网用户平台为了保障自身利益，需明确云平台提供的信息来源、信息内容及服务等是否合法合规，维护监管网内信息运行的合法性、可靠性、安全性等，对云平台的信息进行监管。监管网管理平台在监管网用户的授权下，通过监管网服务平台，为监管网用户提供管理服务；并通过监管网传感网络平台的通信，连接位于对象平台的云平台，从“云平台信息来源是否得到授权”“云平台信息内容是否合法”“云平台服务是否经过授权”三方面，对云平台实施监管。

## 二、云平台信息来源是否得到授权

云平台为业务物联网提供信息服务，云平台中的信息来源于云平台物联网。在云平台物联网结构中，管理平台处于云平台内部，在用户平台的授权下，能够获取云平台外部用户平台和对象平台的信息，并统筹管理云平台物联网内信息的运行，如图 5－14 所示。当云平台运营者参与业务物联网的组建，为业务物联网用户平台提供服务时，云平台内部管理平台需取得信息来源方的授权，即取得云平台物联网中用户平台、对象平台以及云平台自身的授权。

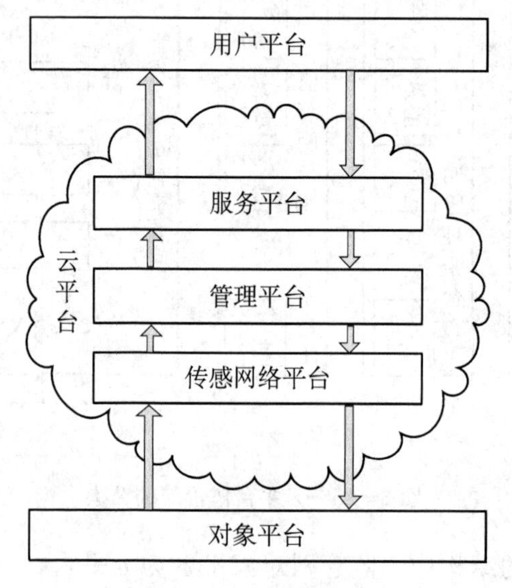


**图 5－14　云平台物联网的结构**

在云平台物联网中，任何一个平台都可以获得信息使用的授权许可，但当云平台物联网中的对象平台范围较广、用户平台较多、所需信息量较大时，则由云平台物联网的用户平台统一授权给管理平台进行信息的统筹管理。由于云平台提供的服务是以集大数据、云计算、海量数据存储等为主，信息量庞杂，在一般情况下，云平台内部的管理平台已获得用户授权，对云平台物联网中的信息进行统一管理和运作。因此，云平台监管网需要对云平台实行监管，从而控制云平台对外传输信息的行为，保证云平台运营者对外传输的信息已获得信息来源方的授权，能够为业务物联网提供合法有效的信息云处理服务。

云平台作为监管网中的对象平台，为云平台物联网以外的物联网提供服务时，需取得云平台物联网中用户或其他信息来源方的另外授权。在云平台物联网中，云平台接收到的其他平台的信息，如未取得的云平台物联网用户平台或其他信息来源方的特别授权，只能运行于云平台物联网中，不能用于其他物联网中。

监管网管理平台可从维护监管网用户平台的整体利益出发，对云平台的行为进行合法约束，确保其在云平台物联网中已获取用户或其他信息来源方的授权，从而保证信息来源的可靠性。监管网管理平台监管云平台信息来源是否得到授权，只需对其是否与信息来源方达成授权协议进行监管，不需监管云平台物联网中的具体授权信息，以保证云平台物联网的运行效率。

## 三、云平台信息内容是否合法

云平台在为业务物联网提供云服务时，无论是处于网内还是网外，都参与着业务物联网的组网和信息的运行，承担着业务物联网中部分或全部的信息审核、筛查、转化和管理等功能。在监管网中，管理平台需对云平台提供的信息内容进行审查，包括信息是否合法、真实、健康等。

监管网管理平台对云平台提供的信息内容的合法性进行监督，能够有效防止非法数据的传播和非法行为的发生，保证用户接收到的信息合法有效，维护用户利益。

## 四、云平台服务是否经过授权

云平台在运营商的运作下，将数据信息资源作为商品和服务进行经营，获取相应的报酬。监管网管理平台对云平台的服务是否经过授权进行监管，包括营业资质、服务项目、服务范围等。

监管网管理平台对业务物联网管理平台的运营商实行监督，代表用户平台赋予云平台运营者合法经营许可，并对其用于商业获利的信息提供、信息服务等商务活动是否经过授权进行监管。

在云平台物联网中，用户平台或其他信息来源方在授权云平台使用其信息为业务物联网用户平台提供服务时，已经明确了该信息的使用范围和具体用途，云平台在取得用户平台或其他信息来源方授权使用的某一信息时，只能将该信息在既定的范围和用途内使用，表现既定的功能。当业务物联网中的用户平台需求发生改变或信息的使用范围发生变化时，云平台需接受监管网的监管，重新定位业务物联网用户平台的需求，并结合云平台物联网中用户平台的需要，重新取得云平台物联网用户平台或其他信息来源方信息使用范围和用途授权，进而为业务物联网提供已经授权的合法云服务，保证云平台服务的合法性和有效性。

监管网管理平台对云平台提供的数据信息授权使用范围和用途实行监管，需对其是否变更授权信息进行监管，确保业务物联网中运行的信息均已重新获得授权，保障数据授权人的信息安全，维护监管网用户平台的权益。

# 跋

当前，云平台市场风起云涌、百花齐放。在云平台浪潮的席卷下，云平台的市场规模出现爆发式增长，客户群体逐步由互联网领域转向传统产业领域。在国家产业政策的驱动下，小到个人，大到企事业单位、政府机构，云平台已经渗入到社会的方方面面。

云平台的出现和蓬勃发展得益于物联网用户需求的增长，其核心服务是云计算。云计算的信息处理能力相较于物计算更加强大，但究其本源，云计算与物计算之间没有质的区别，属于物联网信息不同的处理形式。

云平台为物联网用户提供云计算服务的形式主要为网外计算，不受物联网用户控制。云平台的加入为物联网信息的运行带来了一些不确定性，如云平台能否充分满足用户提出的隐私要求；能否在满足业务功能的基础上最小化收集用户信息；能否在用户所授权范围内使用信息；能否保证对用户信息的所有操作可追溯、可审查等。

现阶段，各云平台运营者都十分重视对自身产品的宣传，突出自身产品优势，以满足云平台用户多样化的需求，从而获得更多的市场份额，分得更大的蛋糕。云平台运营者在为用户提供相对高效、优质的服务时，需按照用户需求收集和使用用户信息。

信息丰富多样、千变万化，其中部分信息具有明确归属，部分信息没有。随着云平台技术的不断发展，市场环境和政策监管等将不断趋于规范和完善，云平台用户的选择将逐步增多，云平台参与和管理的物联网的范围和深度也将进一步拓展。云平台必须确定信息来源的可靠性和合法性，对于无归属的信息，云平台可根据用户需要获取，为用户提供相应的云计算服务；对于具有明确归属的信息，云平台则需事先取得信息拥有者的授权，包括对信息收集范围和使用范围的授权，并在使用中接受监管网的合法监管，从而确保信息使用的安全性和有效性，为用户提供真正安全、高效、便捷的云平台服务。

特作《浪淘沙·云平台》以诠释：

**浪淘沙·云平台**

醉卧伴青天，
如梦如烟。
千姿百态舞翩跹。
锦绣春秋丝卷夏，
忘了人间。

君本出山川，
天赐良缘。
齐光日月隐真颜。
野草山花随意采，
莫误良田。

**邵泽华**
成都秦川物联网科技股份有限公司

浪淘沙·云平台

醉卧伴青天
如梦如烟
千姿百态舞翩跹
锦绣春秋丝卷夏
忘了人间

君本出山川
天赐良缘
齐光日月隐真颜
野草山花随意采
莫误良田

**图书在版编目（CIP）数据**

物联网与云平台/邵泽华著．--北京：中国人民大学出版社，2021.4

普通高等学校应用型教材．大数据与人工智能

ISBN 978-7-300-29195-6

Ⅰ.①物… Ⅱ.①邵… Ⅲ.①物联网-高等学校-教材 Ⅳ.①TP393.4②TP18

中国版本图书馆 CIP 数据核字（2021）第 055210 号

普通高等学校应用型教材·大数据与人工智能

**物联网与云平台**

邵泽华　著

Wulianwang yu Yunpingtai

| | | | |
|---|---|---|---|
| **出版发行** | 中国人民大学出版社 | | |
| **社　址** | 北京中关村大街 31 号 | **邮政编码** | 100080 |
| **电　话** | 010－62511242（总编室） | | 010－62511770（质管部） |
| | 010－82501766（邮购部） | | 010－62514148（门市部） |
| | 010－62515195（发行公司） | | 010－62515275（盗版举报） |
| **网　址** | http://www.crup.com.cn | | |
| **经　销** | 新华书店 | | |
| **印　刷** | 固安县铭成印刷有限公司 | | |
| **开　本** | 787 mm×1092 mm　1/16 | **版　次** | 2021 年 4 月第 1 版 |
| **印　张** | 12.25 | **印　次** | 2023 年 12 月第 2 次印刷 |
| **字　数** | 189 000 | **定　价** | 50.00 元 |